U0807118

好玩的数学（修订版）
张景中　主编

古算诗题探源

修订版

徐品方　徐　伟　著

科学出版社
北　京

内 容 简 介

我国古代不少数学家以诗歌抒怀，他们把自己钟爱的、珍珠般的数学名题以及博大精深的数学思想方法，编成耐人寻味的诗词、口诀和歌谣。本书精选出其中的140多首进行诠释，译为白话，给出古今解法，探究来由（特别是源头），纵横联想，巧妙引申，并以充满情趣的生动描写、蕴含哲理的精辟议论使一些深奥的数学名题变得通俗易懂、生动有趣，给人以丰富的数学知识和启迪，激发读者对数学的兴趣。

本书可供大中学校师生课外阅读，可作为数学史教学参考，也可供数学史和文化史爱好者阅读。

图书在版编目（CIP）数据

古算诗题探源/徐品方，徐伟著．—修订本．—北京：科学出版社，2015.4
（好玩的数学/张景中主编）
ISBN 978-7-03-043570-5

Ⅰ．古…　Ⅱ．①徐…②徐…　Ⅲ．①古典数学－中国－通俗读物②古典诗歌－诗歌欣赏－中国　Ⅳ．①O112-49②I207.22

中国版本图书馆CIP数据核字（2015）第044877号

责任编辑：胡升华　田慧莹／责任校对：郭瑞芝
责任印制：赵　博／整体设计：黄华斌

科学出版社 出版
北京东黄城根北街16号
邮政编码：100717
http://www.sciencep.com
天津市新科印刷有限公司印刷
科学出版社发行　各地新华书店经销
*
2015年4月第　三　版　　开本：720×1000 1/16
2025年5月第九次印刷　　印张：14 3/4
字数：235 000
定价：58.00元
（如有印装质量问题，我社负责调换）

丛书修订版前言

“好玩的数学”丛书自2004年10月出版以来，受到广大读者欢迎和社会各界的广泛好评，各分册先后重印10余次，平均发行量近45 000套，被认为是一套叫好又叫座的科普图书。丛书致力于多个角度展示了数学的“好玩”，将现代数学和经典数学中许多看似古怪、实则富有深刻哲理的内容最大限度地通俗化，努力使读者“知其然”并“知其所以然”；尽可能地把数学的好玩提升到了更为高雅的层次，让一般读者也能领略数学的博大精深。

丛书于2004年获科学时报杯“科学普及与科学文化最佳丛书奖”，2006年又被国家新闻出版总署列为“向全国青少年推荐的百种优秀图书”之一，2009年荣获“国家科学技术进步奖二等奖”。但对于作者和编者来说，最高的奖励莫过于广大读者的喜爱关心。十年来，收到不少热心读者提出的意见和修改建议，数学研究领域和科普领域也都有了新的发展，大家感到有必要对书中的内容进行更新和补充。要感谢各位在耄耋之年仍俯首案牍、献身科普事业的作者，他们热心负责地对自己的作品进一步加工，在“好玩的数学（普及版）”的基础上进行了修订和完善。出版社借此机会将丛书改为B5开本，以方便读者阅读。

感谢多年来关心本套丛书的广大读者和各界人士，欢迎大家提出批评建议，共同促进科普事业繁荣发展。

编　者

2015年3月

第一版总序

2002年8月在北京举行国际数学家大会（ICM2002）期间，91岁高龄的数学大师陈省身先生为少年儿童题词，写下了“数学好玩”4个大字。

数学真的好玩吗？不同的人可能有不同的看法。

有人会说，陈省身先生认为数学好玩，因为他是数学大师，他懂数学的奥妙。对于我们凡夫俗子来说，数学枯燥，数学难懂，数学一点也不好玩。

其实，陈省身从十几岁就觉得数学好玩。正因为觉得数学好玩，才兴致勃勃地玩个不停，才玩成了数学大师。并不是成了大师才说好玩。

所以，小孩子也可能觉得数学好玩。

当然，中学生或小学生能够体会到的数学好玩，和数学家所感受到的数学好玩，是有所不同的。好比象棋，刚入门的棋手觉得有趣，国手大师也觉得有趣，但对于具体一步棋的奥妙和其中的趣味，理解的程度却大不相同。

世界上好玩的事物，很多要有了感受体验才能食髓知味。有酒仙之称的诗人李白写道：“但得此中味，勿为醒者传。”不喝酒的人是很难理解酒中乐趣的。

但数学与酒不同。数学无所不在。每个人或多或少地要用到数学，要接触数学，或多或少地能理解一些数学。

早在2000多年前，人们就认识到数的重要。中国古代哲学家老子在《道德经》中说：“道生一，一生二，二生三，三生万物。”古希腊毕达哥拉斯学派的思想家菲洛劳斯说得更加确定有力：“庞大、万能和完美无缺是数字的力量所在，它是人类生活的开始和主宰者，是一切事物的参与者。没有数字，一切都是混乱和黑暗的。”

既然数是一切事物的参与者，数学当然就无所不在了。

在很多有趣的活动中，数学是幕后的策划者，是游戏规则的制定者。

玩七巧板，玩九连环，玩华容道，不少人玩起来乐而不倦。玩的人不一定知道，所玩的其实是数学。这套丛书里，吴鹤龄先生编著的《七巧板、九连环和华容道——中国古典智力游戏三绝》一书，讲了这些智力游戏中蕴含的数学问题和数学道理，说古论今，引人入胜。丛书编者应读者要求，还收入了吴先生的另一本备受大家欢迎的《幻方及其他——娱乐数学经典名题》，该书题材广泛、内容有趣，能使人在游戏中启迪思想、开阔视野，锻炼思维能力。丛书的其他各册，内容也时有涉及数学游戏。游戏就是玩。把数学游戏作为丛书的重要部分，是“好玩的数学”题中应有之义。

数学的好玩之处，并不限于数学游戏。数学中有些极具实用意义的内容，包含了深刻的奥妙，发人深思，使人惊讶。比如，以数学家欧拉命名的一个公式

$$e^{2\pi i}=1$$

这里指数中用到的π，就是大家熟悉的圆周率，即圆的周长和直径的比值，它是数学中最重要的一个常数。数学中第2个重要的常数，就是上面等式中左端出现的e，它也是一个无理数，是自然对数的底，近似值为2.718281828459…指数中用到的另一个数i，就是虚数单位，它的平方等于−1。谁能想到，这3个出身大不相同的数，能被这样一个简洁的等式联系在一起呢？丛书中，陈仁政老师编著的《说不尽的π》和《不可思议的e》（此二书尚无学生版——编者注），分别详尽地说明了这两个奇妙的数的来历、有关的轶事趣谈和人类认识它们的漫长的过程。其材料的丰富详尽，论述得清楚确切，在我所知的中

外有关书籍中，无出其右者。

如果你对上面等式中的虚数i的来历有兴趣，不妨翻一翻王树和教授为本丛书所写的《数学演义》的“第十五回 三次方程闹剧获得公式解 神医卡丹内疚难舍诡辩量”。这本章回体的数学史读物，可谓通而不俗、深入浅出。王树和教授把数学史上的大事趣事憾事，像说评书一样，向我们娓娓道来，使我们时而惊讶、时而叹息、时而感奋，引来无穷怀念遐想。数学好玩，人类探索数学的曲折故事何尝不好玩呢？光看看这本书的对联形式的四十回的标题，就够过把瘾了。王教授还为丛书写了一本《数学聊斋》（此次学生版出版时，王教授对原《数学聊斋》一书进行了仔细修订后，将其拆分为《数学聊斋》与《数学志异》二书——编者注），把现代数学和经典数学中许多看似古怪而实则富有思想哲理的内容，像《聊斋》讲鬼说狐一样最大限度地大众化，努力使读者不但“知其然”而且“知其所以然”。在这里，数学的好玩，已经到了相当高雅的层次了。

谈祥柏先生是几代数学爱好者都熟悉的老科普作家，大量的数学科普作品早已脍炙人口。他为丛书所写的《乐在其中的数学》，很可能是他的封笔之作。此书吸取了美国著名数学科普大师伽德纳25年中作品的精华，结合中国国情精心改编，内容新颖、风格多变、雅俗共赏。相信读者看了必能乐在其中。

易南轩老师所写的《数学美拾趣》一书，自2002年初版以来，获得读者广泛好评。该书以流畅的文笔，围绕一些有趣的数学内容进行了纵横知识面的联系与扩展，足以开阔眼界、拓宽思维。读者群中有理科和文科的师生，不但有数学爱好者，也有文学艺术的爱好者。该书出版不久即脱销，有一些读者索书而未能如愿。这次作者在原书基础上进行了较大的修订和补充，列入丛书，希望能满足这些读者的心愿。

世界上有些事物的变化，有确定的因果关系。但也有着大量的随机现象。一局象棋的胜负得失，一步一步地分析起来，因果关系是清楚的。一盘麻将的输赢，却包含了很多难以预料的偶然因素，即随机性。有趣的是，数学不但长于表达处理确定的因果关系，而且也能表达处理被偶然因素支配的随机现象，从偶然中发现规律。孙荣恒先生的《趣味随机问题》一书，向我们展示出概率论、数理统计、随机过程这些数学分支中许多好玩的、有用的和新颖的问题。其中既有经典趣题，如赌徒输光定理，也有近年来发展的新的方法。

中国古代数学，体现出算法化的优秀数学思想，曾一度辉煌。回顾一下中国古算中的名题趣事，有助于了解历史文化，振奋民族精神，学习逻辑分析方法，发展空间想象能力。郁祖权先生为丛书所著的《中国古算解趣》，诗、词、书、画、数五术俱有，以通俗艺术的形式介绍韩信点兵、苏武牧羊、李白沽酒等40余个中国古算名题；以题说法，讲解我国古代很有影响的一些数学方法；以法传知，叙述这些算法的历史背景和实际应用，并对相关的中算典籍、著名数学家的生平及其贡献做了简要介绍，的确是青少年的好读物。

读一读《好玩的数学》，玩一玩数学，是消闲娱乐，又是学习思考。有些看来已经解决的小问题，再多想想，往往有“柳暗花明又一村”的感觉。

举两个例子：

《中国古算解趣》第37节，讲了一个“三翁垂钓”的题目。与此题类似，有个“五猴分桃”的趣题在世界上广泛流传。著名物理学家、诺贝尔奖获得者李政道教授访问中国科学技术大学时，曾用此题考问中国科学技术大学少年班的学生，无人能答。这个问题，据说是由大物理学家狄拉克提出的，许多人尝试着做过，包括狄拉克本人在内都没有找到很简便的解法。李政道教授说，著名数理逻辑学家和哲学家怀德海曾用高阶差分方程理论中通解和特解的关系，给出一个巧妙的解法。其实，仔细想想，有一个十分简单有趣的解法，小学生都不难理解。

原题是这样的：5只猴子一起摘了1堆桃子，因为太累了，它们商量决定，先睡一觉再分。

过了不知多久，来了1只猴子，它见别的猴子没来，便将这1堆桃子平均分成5份，结果多了1个，就将多的这个吃了，拿走其中的1堆。又过了不知多久，第2只猴子来了，它不知道有1个同伴已经来过，还以为自己是第1个到的呢，于是将地上的桃子堆起来，平均分成5份，发现也多了1个，同样吃了这1个，拿走其中的1堆。第3只、第4只、第5只猴子都是这样……问这5只猴子至少摘了多少个桃子？第5个猴子走后还剩多少个桃子？

思路和解法：题目难在每次分都多1个桃子，实际上可以理解为少4个，先借给它们4个再分。

好玩的是，桃子尽管多了4个，每个猴子得到的桃子并不会增多，当然也不会减少。这样，每次都刚好均分成5堆，就容易算了。

想得快的一下就看出，桃子增加4个以后，能够被5的5次方整除，所以至少是3125个。把借的4个桃子还了，可知5只猴子至少摘了3121个桃子。

容易算出，最后剩下至少1024－4＝1020个桃子。

细细地算，就是：

设这1堆桃子至少有x个，借给它们4个，成为$x+4$个。

5个猴子分别拿了a，b，c，d，e个桃子（其中包括吃掉的一个），则可得

$$a=(x+4)/5$$

$$b=4(x+4)/25$$

$$c=16(x+4)/125$$

$$d=64(x+4)/625$$

$$e=256(x+4)/3125$$

e 应为整数，而 256 不能被 5 整除，所以 $x+4$ 应是 3125 的倍数，所以

$$x+4=3125k\ (k\ 取自然数)$$

当 $k=1$ 时，$x=3121$

答案是，这 5 个猴子至少摘了 3121 个桃子。

这种解法，其实就是动力系统研究中常用的相似变换法，也是数学方法论研究中特别看重的“映射 - 反演”法。小中见大，也是数学好玩之处。

在《说不尽的 π》的 5.3 节，谈到了祖冲之的密率 355/113。这个密率的妙处，在于它的分母不大而精确度很高。在所有分母不超过 113 的分数当中，和 π 最接近的就是 355/113。不但如此，华罗庚在《数论导引》中用丢番图理论证明，在所有分母不超过 336 的分数当中，和 π 最接近的还是 355/113。后来，在夏道行教授所著《π 和 e》一书中，用连分数的方法证明，在所有分母不超过 8000 的分数当中，和 π 最接近的仍然是 355/113，大大改进了 336 这个界限。有趣的是，只用初中里学的不等式的知识，竟能把 8000 这个界限提高到 16500 以上！

根据 $\pi=3.1415926535897\cdots$ 可得 $|355/113-\pi|<0.0000026677$，如果有个分数 q/p 比 355/113 更接近 π，一定会有

$$|355/113-q/p|<2\times 0.0000026677$$

也就是

$$|355p-113q|/113p<2\times 0.0000026677$$

因为 q/p 不等于 355/113，所以 $|355p-113q|$ 不是 0。

但它是正整数，大于或等于1，所以

$$1/113p<2\times0.0000026677$$

由此推出

$$p>1/(113\times2\times0.0000026677)>16586$$

这表明，如果有个分数 q/p 比 355/113 更接近 π，其分母 p 一定大于 16586。

如此简单初等的推理得到这样好的成绩，可谓鸡刀宰牛。

数学问题的解决，常有“出乎意料之外，在乎情理之中”的情形。

在《数学美拾趣》的 22 章，提到了“生锈圆规”作图问题，也就是用半径固定的圆规作图的问题。这个问题出现得很早，历史上著名的画家达·芬奇也研究过这个问题。直到 20 世纪，一些基本的作图，例如已知线段的两端点求作中点的问题（线段可没有给出来），都没有答案。有些人认为用生锈圆规作中点是不可能的。到了 20 世纪 80 年代，在规尺作图问题上从来没有过贡献的中国人，不但解决了中点问题和另一个未解决问题，还意外地证明了从 2 点出发作图时生锈圆规的能力和普通规尺是等价的。那么，从 3 点出发作图时生锈圆规的能力又如何呢？这是尚未解决的问题。

开始提到，数学的好玩有不同的层次和境界。数学大师看到的好玩之处和小学生看到的好玩之处会有所不同。就这套丛书而言，不同的读者也会从其中得到不同的乐趣和益处。可以当作休闲娱乐小品随便翻翻，有助于排遣工作疲劳、俗事烦恼；可以作为教师参考资料，有助于活跃课堂气氛、启迪学生心智；可以作为学生课外读物，有助于开阔眼界、增长知识、锻炼逻辑思维能力。即使对于数学修养比较高的大学生、研究生甚至数学研究工作者，也会开卷有益。数学大师华罗庚提倡“小敌不侮”，上面提到的两个小题目都有名家做过。丛书中这类好玩的小问题比比皆是，说不定有心人还能从中挖出宝矿，有所斩获呢。

啰嗦不少了，打住吧。谨以此序祝《好玩的数学》丛书成功。

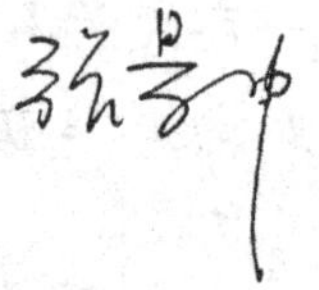

2004年9月9日

前　言

诗言志，歌抒情，还可勉励、鼓舞、助兴、消愁和自娱等。宋朝理学家邵雍写有一诗：

一去二三里，烟村四五家。
亭台六七座，八九十枝花。

用10个数字入诗，勾勒出一幅朴实自然的乡村风俗画。

古算诗词题，是反映数学数量关系的内在联系及其规律的一种文学浪漫形式。我国古算家文理兼优，有的以数入诗，用生动活泼、押韵的语言，把珍珠般的古算名题和博大精深的算法算理，有意识地编成耐人寻味、朗朗上口的诗词歌赋或歌谣，表达数学菁华的思想方法、传递数的信息、启迪后辈心智，使抽象难懂的数学题得到形象押韵的诗味表述，既有助于理解记诵，又可激起人们浓厚的兴趣。例如，清代梅瑴成《增删算法统宗》(1761) 一书上有下面二首诗题：

远望巍巍塔七层，红光点点倍加增。
共灯三百八十一，请问尖头几盏灯。

和

三寸鱼儿九里沟，口尾相衔直到头。
试问鱼儿多少数，请到对面说因由。

这些琳琅满目、风格各异的数学诗词题，是闪耀着古算家智慧的光彩，闪现着电光石火般璀璨的古算思维奇葩。因此，古算诗词题不愧是人类情感的结晶。

古算诗词题也很美，韵味浓郁，寓情寓理，惹人喜爱。读是享受，思是锻炼，用是丰收，美不胜收，不亦乐乎！

本书从卷帙浩繁的古今算史书中，精选出趣味古算诗词题140多首，进行注释，译为白话，给出古今解法（另外还涉及著名古算趣题很多道，也给出译文与古今算法）。此外，还把重点放在探寻诗词题的源头，进行追迹，纵横联想，巧妙引申，适当简介一些相关数学背景与史料以及古代数学家生平逸趣等。以富有诗意的细腻描述、充满情趣的生动阐述以及蕴涵哲理的精辟议论，融知识性、趣味性和文理史哲多学科为一体，紧扣现代数学教材，遵循研究古算原则——用现代数学知识和科学方法评价，它不是古算复述，也不是用现代知识来改写古算。它使古算诗题变得通俗化、大众化，尽力引起读者思想共鸣，激起读者对数学的热情，古为今用，擦燃创新火花，从而提高大众的数学文化素质。

笔者研究发现，我国创用诗歌表达古算题目、算法，且有文字记载最早的是《孙子算经》（公元4世纪，如卷下第34题）和南宋数学家杨辉（生活于13世纪）的著作。

中国古算诗词歌赋较多。例如，南宋杨辉的《日用算法》（1262）一书自序称“编诗括十有三首”，这是算法化、口诀化、大众化的代表作之一；元朱世杰《算学启蒙》（1299）和《四元玉鉴》（1303）；元贾享《算法全能集》（有许多是用歌诀形式表达）；明吴敬《九章算法比类大全》（1450）；明程大位《算法统宗》（1592）以及明代的刘仕隆（33首）、王文素、柯尚迁和徐心鲁等人的著作中都有；清代有梅瑴成（1681～1763）的《增删算法统宗》等。特别有趣的是，程大位著作中共有110首诗词题，他叫“难题”其中就有数学诗词题（其中，五言、七言诗题71首，词题37首，使用了“西江月”“鹧鸪天”“水仙子”“浪淘沙”“凤栖梧”“双捣练”“梅气清”“驻马听”八种词牌，以“西江月”为最多，共26题）。但程大位的诗词题，许多是选自吴敬的著作（共331题）。

古算家编写创作的诗词题，结构严谨、层次分明、脉络清晰、气韵流畅、格调高雅、绘声绘色、颇具魅力、发人深思，反映当时社会政治经济和生产生活，源于实践，用于现实，如丈量田亩、建筑施工、兴修水利、赋役纳税、宴客沽酒、牧童嬉戏，甚至描写名山大川、古塔庙宇、历史人物等。这些诗词题所涉及的数学知识内容有算术（本书至少有 33 首）；代数（本书至少有 60 首），如一、二、三次方程，无理方程，不定方程，等差等比数列等问题；几何（本书至少有 47 题），如勾股定理、面（体）积、作图与测量等问题。

古算诗词题在数学教育中十分重要，应占有一席地位，不能低估它的作用和效果。遗憾的是古今有人认识不到其价值与作用，如宋朝的荣棨（棨，音启，qǐ）在《九章算经·序》（载于 1261 年杨辉《详解九章算法》书前）中说："奈何自靖康（1126）以来，罕有旧本①，间有存者，狃②于末习，不循本意。或隐问以欺众③，或添歌象④以炫己，乖万世益人之心，为一时射利之具……"从序文可知，在南宋首都临安（今杭州市）一带有各种各样的古算书，他在当时已经看到古算书上有诗词题（未录书目），但他把"歌象"加以贬斥，似有偏见。其实，古算诗词题除教育功能外，可以构建数学与人文科学之间的桥梁，让读者从中感悟到数学与文史、数学与文化的交融、汇合。

事实上，有的古算诗词题，因要照顾押韵，确有语言含糊难懂，译为白话也非易事，但是，大多古算诗词题是很好的，古代编者为增加初学者的兴趣，编写的古算诗词题还是适合一般民众口味、受到欢迎的。如口呼歌词、算法算理，易懂易记；有的

---

① 根据序文，指《九章算经》之类古代数学书。

② 狃，音纽，niǔ，意为因袭习俗，此作习惯解。

③ 此句指隐蔽问答蒙惑众人。

④ 歌象（彖，音团，tuàn）指用诗歌表达数学问题。

口诀呼出，即可按计算程序进行演算，如杨辉的“九归”“化零歌”等，所以古算诗词题有一定帮助记忆的作用，容易在民间流传，许多流传至今未衰，散见于数学课本、读物等书刊之中。

为了弘扬我国古代优秀的传统文化，延续古算诗词题文化遗产，使其能薪尽火传，光照后代，本书尽可能浅显、通俗、生动、简明地加以介绍与评论，特别是探其由来。因此，本书具有可读性、实用性、趣味性、学术性以及收藏性，是一本素质教育和创新教育的好玩的数学读物。

教育部2003年颁布《普通高中数学课程标准》(实验)，开设数学史选修课，吹响了普及数学史的号角。因此，本书可供大中学校师生课外阅读或教学参考，亦可供数学史或文化史爱好者阅读。

本书许多初等数学的现代解法，是由徐伟完成的。

由于作者水平有限，本书不足之处，敬希读者不吝指示。

徐品方　徐　伟

2007年3月

于四川西昌学院南校区

目　录

01 算术部分

1.1 经商纳税[①]

昨日街头干事毕，闲来税局门前立。
见一客持三百布，每疋必须税二尺。
贴回铜钱六百文[①]，收布一十五半疋。
不知每疋卖几何，只言每疋[②]长四十。

——梅瑴[③]成《增删算法统宗》

【注释】 ①古代1贯=1000文。②这里1疋=40尺。③瑴，音同决，jué。

【译文】 昨天街上办完事，慢悠悠地走到税务部门前停下来。看见一客商持300疋布前来纳税，按规定每疋布必须上税2尺。税局收去15疋半布作税款。因多收了布，税局补给他铜钱600文。已知每疋布长40尺，请问每疋布价多少钱。

【解法】 依题意可知

应纳税：　$300\times2=600$(尺)

税局实收布：　$15.5\times40=620$(尺)

税局多收布：　$620-600=20$(尺)

每尺布价：　$600\div20=30$(文)

每疋布价：　$30\times40=1200$(文)

答：每疋布价1200文钱，即一贯二百文。

【探源】 这是一首经商纳税诗题。

两汉史籍中有关纳税的资料很少。古代最早算书《算数书》（公元前2世纪或更早）中有2题“狐出关”和“负米”反映秦或更早时候征

① 本书所有诗词的标题，大都是著者自己加的，大部分原著文没有标题。

收关税问题；《九章算术》（公元前1世纪）中有4道题（卷三衰分章第3题，均输章第15，27，28题）反映汉朝向商人征收关税的问题。资料虽少，但很宝贵。

这诗题不是从古算书算题改编而来的，根据可能是当时人们经商纳税的情况。故诗题反映了纳税或征收赋税的实际情况。可知明代卖布税率为5%，看来税赋不重。

“算”字的起源

中国的“算”字有三种写法：筭、算、祘。对这几个字，我国辞典始祖东汉许慎在《说文解字》（成书于公元100年）里作了如下解释：

“筭，长六寸，计历数者。从竹从弄，言常弄乃不误也。”这就是说，“筭”（音算，suàn）字是一种六寸长的竹制计算工具，古称“算筹”（用小竹棍等制成）。这个字是由“竹”和“弄”两字合成的，经常摆弄它便可使计算正确无误。

“算，数也。从竹从具，读若筭。”许慎的意思说，“算”是计算数目的，读法和“筭”完全相同。

“祘”字的出现比较晚，它是由两个“示”字合成的。许慎解释说：“示，神事也。”这就是说，“示”字有“指示、表示、透露”等像神的显示一样的意思。因为上部“二”是古文的“上”字，下部古为三竖（后来演变成一竖两点的“小”字），表示日、月、星。神的显示是从上面下来的。从鬼神的字表明，也多用示（礻）字旁。

显然，古人把“祘”和计算，都与迷信纠缠在一起，与科学背道而驰，不足为训。

“算”字的象形字起源于什么时候？在甲骨文（在龟甲或兽骨上镌刻成的文字）或金文（周朝时的文字，铸在青铜器上的文字，又叫钟鼎文）中从未发现过这个字。据当代英国著名科学史家李约瑟（J. Needhan，1900～1995）认为，它的出现年代可能在公元前3世纪。

事实上，“算”字的最早古体字有三种写法，见图1-1。“算”字上面是竹的形象，表示着竹制算具。下面为双手捧着贝币（殷周时用贝做货币）。故我国“算”字的意思就是以算具进行计数、计算、卜卦的技术或学问。

在古希腊，“计算”一词的本义是“石子”“沙盘”，原意是“沙子”。这反映了古希腊人与中国不同的是不用竹做算具，而是用石子计数或在沙盘上划道运算。

图 1-1 “算”的古体字

1.2 排鱼求数

三寸鱼儿九里[1]沟，口尾相衔[2]直到头。

试问鱼儿多少数，请君对面说因由。

——梅瑴成《增删算法统宗》

【注释】 ①关于里、步长度的大小随朝代不同。周代 1 步＝8 尺。秦汉至南北朝 1 步＝6 尺，1 里＝300 步；《汉书·食货志》载：1 里＝300 步，1 步＝6 尺。《九章算术》就用此，简称秦汉制。约从隋唐改为 1 步＝5 尺，1 里＝360 步。这是旧制以营造尺。②衔，用嘴含。

【译文】 3 寸长的一群小鱼儿，它们口尾相接在河里游玩，从头到尾排成了 9 里长。试问这群鱼儿有多少条？请说出你推算的理由。

【解法】 因为 1 里＝360 步（唐代以后度量衡）

所以 9×360＝3240(步)

因为 1 步＝5 尺＝50 寸

所以 3240×50＝162000(寸)

所以 162000÷3＝54000(条)

答：这群活泼可爱的小鱼儿共有 5.4 万条。

【探源】 诗言志，歌抒情，数学诗题很迷人。这道朗朗上口的数学诗题仿佛把我们带到了孩提时代观赏游鱼的趣景，回味之余，油然而生要探讨追溯这道诗题源头的想法。经查，古算家是根据古算《孙子算经》（公元 4 世纪）卷下第 32 题改编的。古代儒家把重要的经典著作称为“经”，“数学”叫做“算”，所以把重要的数学著作称为“算经”。第 32 题是：“今有九里渠，三寸鱼，头头相次。问鱼得几何？答曰：五万四千。术曰：置九里，以三百步乘之，得二千七百步。又以六尺乘之，得一万六千二百尺。上十之，得一十六万二千寸。以鱼三寸除之，即得。”

读者不难发现，这道诗题完全与《孙子算经》第 32 题一样，数据、答案一致。当然，不同之处是术文（解法）中使用的度量衡是秦汉制，即1里=300步，1步=6尺。

“算术”的起源

算术是研究数与数集上的运算的数学分支。算术是最古老的数学分支之一，是数学的起点。

算术的产生可追溯到史前时期，如美索不达米亚（今伊拉克的一部分）文明和古埃及等在公元前30～前20世纪就产生了简单的算术知识。

古希腊人正式提出的“算术”，实质是数论（研究数的规律，特别是研究整数性质的数学分支），因为他们曾把数分为“数目学”（即数论）和“计算术”（与今算术意义差不多）。但是，古希腊人的“数目学”与哲学相关，备受哲学家器重，而“算术”（计算术）却被另眼看待，讥为“低下技术”，备受轻视。这使得古希腊算术的成就不及几何和数论。

在我国，“算术”二字至迟在汉代已经常用了，例如，《前汉书·律历志》记载筹算中有：“其法在算术，宣于天下”。在古算书上，西汉末年（约公元前1世纪）曾有过《许商算术》和《杜忠算术》，可惜早已失传。但正式使用、流传至今的这一术语最早见于《九章算术》，而算术内容更早出现在1983～1984年出土的《算数书》（公元前2世纪）中。我国古代“算术”指整个数学，即数学的总称，但它与现代算术意义是不同的。

在西方，“算术”一词的拉丁文“*Arithmetica*”来自古希腊文“*αριθμητικ ή*”，原意是数（shǔ）和数（shù）的技术（或学问），这就是说，西方人的“算术”指有关数的运算方法和技巧，不包括代数、几何等内容，与我国泛指全部数学不同。

1.3　苏武流放

当年苏武①去北边②，不知去了几多年。

分明记得天边月，二百三十五番圆③。

——程大位《算法统宗》

【注释】　①苏武（约公元前140～前60年）是西汉一位官员，天汉元年（公元前100年）被派往匈奴出任使者，因其他事牵连，被匈奴统帅单于扣留，并叫他投降，苏武誓死不从。单于把他流放到北方海边无人居住的地方，让他饲养公羊，叫他等到公羊生了小羊以后再回来。这哪是可能的？显然是将他终年流放。单于断绝供应一切粮草，苏武只好挖掘野鼠所储藏的草籽来吃。后来汉朝与匈奴和亲，苏武才从荒野被接回汉朝。由于他节操卓著，被尊称为“祭酒”（德高望重者），又被封为典属国。公元前60年，苏武病逝。②北边，指今天贝加尔湖畔的大城市——伊尔库茨克一带。③关于月亮圆缺是指人们在地球看到月亮表面发亮部分的形状，这在天文学上叫做月相。主要的月相有4个：朔、上弦、望、下弦。朔日（阴历每月初一），地球上看不到月光；上弦（阴历每月初七或初八）和下弦（阴历每月廿二或廿三），地球上看到的月亮是月牙形；望日（阴历每月十五日，有时是十六或十七日），地球运行到月亮和太阳之间，这天太阳从西方落下去的时候，月亮正好从东方升上来，地球上看见的是圆月。1年＝12月，“二百三十五番圆”即235个月。

【译文】 当年苏武流放到北方牧羊，不知去了多少周年，只记得天边的月亮，已经出现过235次圆月了。

【解法】 据注可知，这是一道简单除法问题，

$$235\div12=19\frac{7}{12}=19\cdots\cdots7$$

余7为闰月，因为依我国阴历，19年应有7个闰月。故答案不能是19年零7个月。

答：苏武去北方已经有19周年。

【探源】 这道诗题可能是古算家根据历史人物改编的趣诗，不是从古算书算题改编的。

程大位《算法统宗》

读者从本书开篇，就知道程大位的名字，但对他的经历、治学及成就不太了解了。

程大位（1533～1606）字汝思，号宾渠[①]，明朝安徽休宁县率口

① 我国古人幼有名（指幼年时起的乳名，只供长辈们呼唤），长有字（指20岁时加的字，供一般人称呼）；有的还有号，即别号。

程大位（1533～1606）

（今黄山市屯溪区）人。程大位读书很广博，自幼爱好数学。常“不惜重资，以购求遗书”，“迂方田、粟米、差分、少广、商功、均输、盈不足、方程、勾股诸书，辄厚资购得之”。20 岁左右在长江中下游地区经商，利用经商机会“邀游吴楚，博访文人达士”，遇有“睿通数学者，辄造请问难，孳孳（即孜孜）不倦”。程大位小商人家，一生从未应科举之试。就是在经商时他仍不忘对数学的研究，到处求师访书，搜罗了很多古代与当时的数学书籍及民间数学资料。有空就读书、写心得体会，经过自己咀嚼、消化，开始进行著述。他博采众长，大约在他 40 岁那一年，开始对旧的如 1368 年前元末安止斋、何平子合著《详明算法》类型的数学书进行修改，对吴敬《九章算法比类大全》（1450）进行删补，并涉猎大量的数学资料，直到他进入 60 岁花甲那一年（1593），才完成了他的杰作《直指算法统宗》十七卷共 595 个问题。解题时以算盘作为计算工具进行演算，与传统的用筹（长短不等的小竹棍或骨制成）计算不同。继后，他又对《算法统宗》“删其繁芜，揭其要领”，约束为《算法纂要》四卷，与十七卷本先后在屯溪刊行。

《算法统宗》是我国第一部最完善、系统的珠算说明书，也是一本比较完整、全面的应用数学书，它的内容包括了清代经学家所推崇的《九章算术》，既符合民间工、农、商业的需要，也适用于数学知识并不很丰富的一般经学人士的需要，所以《算法统宗》在国内能得到广泛和长久的流传。公元 1716 年，程大位的族孙程世绥为翻刻这部书所写的序中说：“风行宇内，近今天盖已百有数余年，海内握算持筹之士，莫不家藏一编，若业制举者，之于四书五经，翕然奉以为宗”（大意是说，这本书出版以后，风行国内一百几十年，凡是研究算法的人，几乎人手一册，就像考科举的人对待《四书》、《五经》一样，奉为经典）。该书在国内外影响很大，曾流传到朝鲜、日本等国。日本珠算就是在程大位影响下发展起来的。

在日本民间，还把程大位和日本数学家关孝和（Seki Takakazu，约1642～1708）奉为“算神”来纪念。日本每年8月8日为“算盘节”，人们曾经抬着大算盘和程大位的画像游行，以表示对这位珠算大师的崇敬。

《算法统宗》第十三卷到第十六卷，都是用诗歌或古体诗词形式编成的算题，共有110题，但他的诗词题大多数是根据我国吴敬《九章算法比类大全》等中选入的。程大位在书序中说：这四卷诗歌体算题，是永乐四年（1406）临江数学家刘仕隆、吴敬等预修《永乐大典》办公之余，利用休息时间编辑而成，并附于刘仕隆《九章通明算法》及吴敬九章比类与诸家算法中。所以程大位《算法统宗》所录难题（诗词形式）来自刘仕隆、吴敬的算书，但再追根溯源，题材多取于古算书。

吴敬把这类形式的问题叫做难题，而后世数学家称为“难题汇编”。其实，正如程大位说：“然似难而实非难，惟其词语巧捏，使算师一时迷惑莫知，措手不知”而已。因此，“难”不是解法之“难”，而是因题目采用诗歌叙述，数学意思比文字题更隐晦罢了。程大位和梅瑴成对难题的态度是“凡算难题，惟在明其立法，立法既明则迎刃而解，又何难之有哉!”因此，用诗词表达数学问题，有必要加以释译或译为白话文。

古算家的诗题，结构严谨，层次分明，脉络清晰，语言通俗，气韵流畅，格调高雅，有声有色，饶有趣味，颇有魅力，令人深思；诗词题反映明代及以前社会政治、经济、生产和生活实际，如丈量土地、建筑施工、商贾经营、赋役纳税、探亲访友、宴客沽酒、欢度节日或描写名山大川。本书摘要选介梅瑴成《增删算法统宗》卷十和卷十一等古算书中一些诗题，并追根溯源。实际上，本书是以诗词题形式，介绍中国数学史。

上面这道诗题，表达了博学多才，文理兼优的古算家，利用浩气直贯天河的圆月，衬托出一道计算苏武流放年日的算题，颇具匠心，既赞扬了历史名人，又激起青少年喜欢数学的思维浪花，实在妙极了。

1.4 唐僧取经

三藏西天①去取经，一去十万八千程。

每日常行七十五，问公几日得回程。②

——梅瑴成《增删算法统宗》

【注释】 ①西天，指佛教发源地古印度，被认为是一个极乐世界，藏有佛教真经典籍。②当时一年按360天计。

【译文】 唐朝的三藏前往佛教圣地去取经，走了108 000里，每天平均走75里，试问唐僧一行多少日后返回来?

【解法】 本题题面简洁，条件明晰，从译文便可清除疑虑，驱散迷雾，提笔一试，答案就在眼前。

因为 $108000\div75=1440$(日)

所以到达西天需要 $1440\div360=4$(年)

来回时间为 $2\times4=8$(年)

答：唐三藏取经1440日（4年)，8年后回来。

【探源】 诗本身很美，古代数学家在诗题中注入文学古典名著《西游记》中的三藏，更是美中增鲜，乐中生花，激起青少年学习数学兴趣的波涛，拨响喜欢数学的思维琴弦，联想翻滚：取经路上的艰辛甜苦，连绵的群峰，蔽天的茂林，崎岖的山道，豺狼虎豹，妖魔鬼怪，兽啸鱼游，蝉鸣鸟语，百花争艳，古刹寺宇，热情的佛门，凡夫俗子……一一出现在眼前。

这首诗题，不是从古算书中的算题改编而来的，可能是根据《西游记》编成的。一百多年后，也被梅瑴成所青睐。读者必然要问，梅瑴成何许人也。

梅氏数学世家

梅文鼎（1633~1721)

梅瑴成（1681～1763）字玉汝，号循斋，又号柳下居士。清代安徽宣城人。是以梅文鼎为首的梅氏数学家族中的一员。梅文鼎（1633~1721）一生著作颇丰，且恰与其享年相等，即88种（岁）。

梅氏家族是声名显赫的数学家族，梅文鼎和他的两个弟弟、一个儿子、两个孙子，五个曾孙共11位是数学家。梅瑴成是他的孙子。祖孙四代都精通数学，可与瑞士伯努利数学家族相媲美。

梅瑴成在数学上造诣很深，被当朝的康熙皇帝所赏识。他曾和皇子皇妃等在宫中读诗书和数理天文，还听博学的康熙帝用满文讲欧几里得《几何原本》的内容。梅瑴成是个有突出成就的数学家，编著很多，如1713年5月他与何国宗主编《律历渊源》巨著共100卷，并编辑了包含他自己的数学著作在内的《梅氏丛书辑要》23种61卷。另外，他还根据明朝数学家程大位书上的诗题编成《增删算法统宗》卷十、卷十一，这两卷中的题都是用诗歌写出来的。

我国数学史家严敦杰（1917～1988）先生说："在17到19世纪我国数学家的研究，主要为安徽学派所掌握，而梅氏祖孙为中坚部分。"

1.5 男女捉兔（鹧鸪天，又名思佳客①）

百兔纵横走入营②，几多男女斗来争。
一人一个难拿尽，四只三人始得停。
来往聚，闹纵横，各人捉得往家行。
英贤如果能明算，多少人家甚法评。

——程大位《算法统宗》

【注释】 ①我国古代的词是一种配合音乐的文字，它本为唱歌而作，因此，它像歌曲一样有调子。词的调子叫做词调或词牌，是规定一首词的音乐腔调，表达作者的感情即声情的。我国古代词调（词牌）有菩萨蛮、浪淘沙、满江红、水调歌头、西江月、鹧鸪天（又名思佳客）、水仙子等800多个。本书至少选介了33首词题。我国古代数学家也用一些词调编写数学问题，如收录在程大位《算法统宗》卷13～卷16中的110道数学诗歌题中，竟有词题37首，表明古算家的古体诗词造诣之深，令人崇敬。本书将这些歌词古体算题，均在标题后注明，以展示古代数学家的文理兼通的风采。当然，我们不提倡写旧古体诗词，提倡白话诗文。②营，建造之意。这里指村寨。

【译文】 有100只野兔，从四面八方跑进山野村寨，男男女女都来争捉兔子。这批兔子若1人得1只有余；若4只兔子分给3个人，则恰好分尽。围捉兔子的男女十分欢喜，高兴地喊叫着。只见每人拿着捉得的兔子往家走。聪明的人快来算一算，捉兔的男女共有多少人？

此词题若用纯数学表达：“100 只兔子，1 人分 1 只有余，3 人分 4 只正好分尽，问有多少人?”

【解法一】 若将 4 只兔子分为一组，则 100 只兔子共有 100÷4＝25（组)，由于一组兔分给 3 个人，因此，25 组应有 25×3＝75(人)。

答：捉兔的男女共有 75 人。

【解法二】 （古算书解法）根据题意列出综合式：

$$100\div4\times3=75(\text{人})$$

【探源】 这道词题是根据《孙子算经》（约 4.5 世纪）卷下第 29 题“今有百鹿入城，家取一鹿，不尽；又三家共一鹿，适尽。问城中家几何？答曰：七十五家”改编而成。聪明的古算家将“鹿”改为可爱的“兔”；将“家取一鹿，不尽”（每家得一只有余）改为“一人一个难拿尽”；将“三家共鹿，适尽”改为“四只三人始得停”，将“求城中有几家”改为“求捉兔有多少人”。更令人喜欢的是用生动的情景，绘声绘色地用诗词表达男女捉兔的喜悦心情，刻画得淋漓尽致，把一道面孔严肃的算题，变得活泼有趣，不得不激起提笔一试的热情。

《孙子算经》对此题解法（术曰)，采用盈不足的方法（国外叫假设法。具体解释见 2.12 节)。原术曰：“以盈不足取之。假令七十二家，鹿不尽四。令之九十家，鹿不足二十。置七十二于右上，盈四于右下。置九十于左上，不足二十于左下。为维乘之凹（即交叉乘)，所得，并为实（相加后作为被除数)。并盈不足为法（余数相加作为除数)。除之，即得”（括号文字为作者解释)，亦即

90　72
　╳　　维乘之凹，并为实：90×4＋72×20＝1800 作被除数；
20　4

并盈不足为法 4＋20＝24 作除数，则

$$1800\div24=75(\text{家})$$

显然，古今解法思路不同。

“数”字的起源

据考古研究，我国的“数”字出现在商代的甲骨文。古人在没有使用文字时，用刻痕与结绳结来记事、计数。甲骨文的“数”字写成“”，左边象征一根禾的茎秆上打了几个绳结，上下是散乱的绳

头，后来演变成篆文“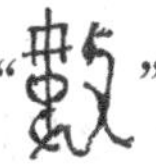”。据许慎《说文解字》右边“从又，卜声”。又就是右手，表示用手结绳，反映了古人结绳计数（记事）的痕迹。

又有人说，甲骨文的“数”字，形象地表示“用手串珠”，即用珠进行数数的意思。因此，从语义学角度看出，“数学”中的“数”（shù）来源于“数”（shǔ）。

1.6 粒米求程

庐山①山高②八十里③，山峰峰上一黍米④。

黍米一转只三分⑤，几转转到山脚底？

——梅瑴成《增删算法统宗》

【注释】 ①庐山，位于江西省北部。古代地理著作《禹贡》称之为敷浅原，《山海经》则名其为南鄣山。相传殷周之际，有匡俗者，结庐于山上学道求仙，后人称所居为“神仙之庐”，故名庐山，亦称匡山。庐山自古为我国著名风景名胜游览胜地之一。②这里“山高”不是指庐山的海拔高度，而是指自山脚到山顶道路路程。③山高八十里，我国古代尺寸随时代发展由小变大。夏禹时代 1 尺为 16～18 厘米，宋元明清时 1 尺为 31～32 厘米。今若以 1 尺＝30 厘米和本书常用 1 里＝360 步，1 步＝5 尺来计算，庐山山高 80 里＝80×360×5×0.3 米＝43 200米，这是不可能的。或以夏朝 1 尺＝16 厘米估算，庐山高也为 23 040 米，这也不可能，世界最高的珠穆朗玛峰才 8844.43 米，所以“山高八十里”不是海拔。事实上，今测得庐山主峰大汉阳峰海拔才 1474 米。④“黍米”即黍子，去皮后比小米稍大，煮熟后有黏性。碾成的米叫黏黄米。⑤古代1 尺＝10 寸，1 寸＝10 分。

【译文】 庐山山顶到山脚的路程为 80 里，一粒（黍）米从山峰峰上滚下山，它滚一转之长为 3 分。试问滚多少转才能滚到山脚？

【解法】 因为 1 里＝360 步，1 步＝5 尺，1 尺＝10 寸，1 寸＝10 分，又因为

$$80\text{ 里}=80\times360\times5\times10\times10=14400000\text{（分）}$$

所以

$$14400000\div3=4800000\text{（转）}$$

答：一粒米从山峰滚到山脚共转4800000转。

【探源】 这是一道古代数学家以庐山为背景，写旅游胜地的诗题，这不能不勾起我们对庐山古今的追忆。

横看成岭侧成峰

据载：庐山属淮南弧形山系，约七千万年以前，地壳剧动，错裂上升，形成山体。在整个山系之中，庐山属后起之秀，独立于长江南岸，鄱阳湖之滨，造化成为一山飞峙、影落鄱湖，气吞大江之势。经冰川锉磨，奇峰险崖更增峥嵘峻峰之姿。因云气所钟，层峦叠嶂显出变幻莫测之态。激流涌湍，劈出龙潭飞瀑。茂林修竹，生成幽雅妙境。湖光山色，风景如画，幽谷深涧，藏奇纳胜。对庐山的千姿万态，诗仙李白赞之为“俊伟诡特，鲜有能过之者”。北宋苏轼《题西林壁》留下了“横看成岭侧成峰，远近高低各不同，不识庐山真面目，只缘身在此山中”的千古绝唱!

1.7 推车问里

一人推车忙且苦，半径轮该尺九五①。

一日推转二万遭②，问君里数如何数?

——程大位《算法统宗》

【注释】 ①尺九五，指1.95尺。②指车轮转2万次。

【译文】 一人推车十分繁忙又辛苦，车轮的半径是1.95尺。一天车轮旋转2万次，请问一日车子走了多少里?

【解法】 根据题意，因古时用“周三径一”，得知$\pi=3$，又由圆周长公式有

圆周长＝2×3×1.95(尺)＝11.7(尺)

一日车轮共走　11.7×20000＝234000(尺)

又因　1里＝360步　1步＝5尺

所以　1里＝360×5＝1800(尺)

所以车轮一日走　234000÷1800＝130(里)

答：一日车子走了130里。

【探源】 这是一道求圆周长的乘法算题，题中涉及圆、圆周率π等概念。关于圆、π的产生发展历史，在此就不叙述了。

但要考源此题的出处。我们认为，古算家是参考了古算《孙子算经》卷下第33题："今有长安、洛阳相去九百里。车轮一匝（意为周或为圈）一丈八尺。欲自洛阳至长安，轮匝几何？答曰：九万匝。"古算家将这题里长安与洛阳相距900里改为"一日推转二万遭"，将车轮一圈长改为"半径轮该尺九五"。因此，已知、未知略有改变，但算理一样。《孙子算经》本题的术文（解法）是，因里、步长度是采用秦朝制度：1里＝300步，一步＝6尺（与诗题使用唐以后制度不同）术文的现代表示为

$$900\times300\times6=1620000(尺)$$

则

$$1620000\div18=90000\ (匝)$$

1.8 两求斤歌

一求[1]隔位[2]六二五，二求退位一二五[3]，
三求一八七五记，四求改曰二十五，
五求三一二五是，六求两价三七五，
七求四三七五置，八求转身变作五。

——杨辉《日用算法》

【注释】 ①"求"即将两化为斤。古时1斤＝16两。②"隔位"即小数点后隔一位。③"一二五"即表示0.125。下同。

【译文】 1两化为0.0625斤，2两化为0.125斤，3两化为0.1875斤，4两化为0.25斤，5两化为0.3125斤，6两化为0.375斤，7两化为0.4325斤，8两化为0.5斤（旧制八两为半斤）。

【解法】 根据古制1斤＝16两，则

$$1两=1\div16=0.0625(斤)$$
$$2两=2\div16=0.125(斤)$$
$$3两=3\div16=0.1875(斤)$$
$$4两=4\div16=0.25(斤)$$
$$5两=5\div16=0.3125(斤)$$
$$6两=6\div16=0.375(斤)$$
$$7两=7\div16=0.4375(斤)$$
$$8两=8\div16=0.5(斤)$$

【探源】 这是南宋数学家杨辉为了人们快速将两化为斤的歌诀，记载在他写的《日用算法》（1262）中。称为“化零歌”。《日用算法》早已散佚，但从保存下来的杨辉自序中有“编诗括十有三首”。这里是其中一首。

我们从杨辉另一部保存下来的《乘除通变本末》（又名《乘除通变算宝》）卷中第 31 题术曰后有：

一求尅（即克，约定、限定之意）退六二五，二求尅退一二五，
三求一八七五退，四求退尅二十五，
五求三一二五是，六求除退三七五，
七求四三七五退，八求就身退除五。

文字有别，但都是“以两求斤价”的意思，与歌诀相同。

这首“化零歌”，元代朱世杰（13、14 世纪）看到后，还嫌不够，于是又增补、修改为 15 句，载于朱世杰《算学启蒙》一书：

一退六二五，二留一二五，三留一八七五，四留二五，
五留三一二五，六留三七五，七留四三七五，八留单五，
九留五六二五，十留六二五，十一留六八七五，十二留七五，
十三留八一二五，十四留八七五，十五留九三七五。

歌诀意义与杨辉的相同，“留”即两，如 10 两$=\frac{10}{16}$斤$=0.625$ 斤……15 两$=\frac{15}{16}$斤$=0.9375$ 斤。

从前，有了朗朗上口的“化零歌”，只要人们熟背歌诀，利用算盘工具，在遇到除数为 16 的算式时，口呼即出，便可化难为易，将繁杂的乘除法改用加减法来代替，减少了运算，提高了计算效率。

“化零歌”有两个用途：一是迅速地进行两化斤；二是已知货物每斤的价格，根据“化零歌”一呼，便很快求出每两的价格。

例 1 将 3 斤 5 两化为斤，则呼“五留三一二五”，即 $3+0.3125=3.3125$（斤）。

又如，4 斤 12 两化为斤时，呼“十二留七五”即得 $4+0.75=4.75$（斤）等。

例 2 如果某货物每斤价格是 46 元，则呼“四留二五”、“六留三七五”，得每两的价格是 $2.5+0.375=2.875$(元)。这是因为

$$1\text{两的价格}=\frac{46}{16}=\frac{4}{16}\times 10+\frac{6}{16}=2.5+0.375=2.875\text{（元）}$$

我国古代16两为1斤的度量衡制度，长期活跃在人们生活、计算的舞台，一直沿用到19世纪50年代中期，后来改为十进制，即1斤＝10两。但是，随着科学技术的发展与国际交流的需要，为了与世界接轨，在我国加入世界度量衡组织后，我国度量标准便与国际保持统一。现今我国又将市斤、市两制改为国际统一度量衡标准，即千克（公斤）、克制单位。故现在1千克（公斤）＝1000克，1市斤＝500克，1市两＝50克。从此，“化零歌”也退出历史舞台，但我们不能忘记它在我国计算技术历史上留下的功绩，它是计算技术发展史上的一页。

读者看完“化零歌”后，忍不住要问杨辉的生平、成就简史。

杨 辉

杨辉，字谦光，南宋数学家，钱塘江（今浙江杭州）人。他在《日用算法》一书的自序中提到“编诗括十三首”，是我国最早用诗歌形式编数学题的数学家。又如杨辉在《乘除通变本末》卷中，有“求一乘”和“求一除”算法诗各一首，合辙押韵，并且不失数学意义（此略）。

杨辉

到了13、14世纪，一些数学题的算法歌诀化，如元朝朱世杰，贾享与安止斋、何平子，明朝的吴敬、程大位、刘仕隆等的著作（参见“前言”所列著作书目）。

这些诗词歌赋、歌谣、口诀在由筹算到珠算的演变过程中占有重要地位，亦即古算的一道风景线。

杨辉还是一位数学教育家，他走到哪里，哪里就有人向他请教数学问题。在教学实践中，他最早提出一份数学教学大纲，并提出学习数学的方法：由浅入深，循序渐进，“闻一知十”和重视演算及独立思考等。

什么是数学

关于数学的定义是什么，古今出现了几百种定义或描述，如美国数学家莫里兹（R. E. Moritz）于 1914 年编著（今由朱剑英编译中文版）《数学家言行录》一书中，列举了几百种；又如亚里士多德（Aristotle，公元前 384～前 322）定义为“数学是量的科学”；逻辑主义学派罗素定义为“数学是一种莫名其妙的科目”（大意如此，有人解释为“数学是研究到最后自己都不知道在研究什么的科学”）；形式主义学派希尔伯特定义为“数学就是一些符号运算的结果”；直觉主义学派海廷定义为“数学的根源不是别的，是有直觉而已”。这三派是唯心主义的定义。

恩格斯（F. Engels，1820～1895）定义为：“数学是研究现实世界量的关系与空间形式的科学”。

随着数学发展，对“数量关系”和“空间形式”理解不同，又出现许多定义，如英国哈姆斯认为：数学是人的智慧的产物，是一种艺术，是一种发明。实质上是说数学是人创造出来的，这是主观唯心论的定义。

当代定义为“数学是文化”。如说“数学是‘看不见的文化’，“不能要求它像音乐和雕刻那样使人灵感焕发，肃然起敬”（美国《科学》杂志主编哈蒙德）。

还可以举出很多定义或描述，如数学是一种普遍语言或方法；数学是一种普遍的思想原则；数学是一种思想工具、理性思维框架等。

尽管数学有各种各样说法，但必须明确：数学是一门研究纯粹形式的科学，它不是一门自然科学（或社会科学），它不以自然为对象，也不可以理解世界和控制及改造世界为其最终目标。

古今出现了几百种定义或描述，至今都没有统一的、严格的定义出现，将来也不可能出现。为什么？主要原因有二：①数学同其他学科一样，它的对象、内容和方法，无时不在发生变化，因而只能在各个历史时期对其对象、方法本质加以概括，给出描述定义，目的是使人有整体性观念；②观点不同，出发点不同，即令同一时期也无统一的定义，每个定义都打上时代的烙印。

综上所述，数学本身是一个历史概念，是历史的理解，因它的内涵随着时代的变化而变化，故无永恒不变的定义。

1.9 绩麻分布

赵嫂自言快绩[①]麻，李宅张家雇了她。

李宅六斤十二两[②]，二斤四两是张家。

共织七十二尺布，二人分布闹喧哗。

借问高明能算者，如何分得布无差。

——梅瑴成《增删算法统宗》

【注释】 ①绩，即把麻搓捻成线。②两。旧市制 1 斤=16 两。

【译文】 赵嫂自称是一位善于纺织的能手，绩得一手好麻，织得一手好布，李家和张家都请她织布。李家给她 6 斤 12 两麻，张家给她 2 斤 4 两麻，两家的麻一共织出了 72 尺布。织成的布应该怎样分配，两家争执不休。请问高明的数学家，如何公平合理的分布才没有差错?

【解法一】 （分步列式）张、李两家共有麻：6 斤 12 两+2 斤 4 两=9 斤

每斤麻可织布 $72\div 9=8$(尺)

每两麻可织布 $72\div(16\times 9)=0.5$(尺)

因此，李家 6 斤 12 两应分布：$(6\times 16+12)\times 0.5=54$(尺)

张家 2 斤 4 两应分布 $(2\times 16+4)\times 0.5=18$(尺)

答：李家分布 54 尺，张家分布 18 尺。

【解法二】 （算术综合法）列成综合式为

$$72\div\left(6\frac{3}{4}+2\frac{1}{4}\right)=8(\text{尺})$$

李家分布 $6\frac{3}{4}\times 8=54$(尺)

张家分布 $2\frac{1}{4}\times 8=18$(尺)

答：李家分布 54 尺，张家分布 18 尺。

【解法三】 （代数法）设每两（或斤）麻可织布 x 尺，那么李家

麻有 108 两，可织布 $108x$ 尺，张家麻有 36 两，可织布 $36x$ 尺，由题意得

$$108x+36x=72$$

解得

$$x=\frac{1}{2}$$

李家分布 $108\times\frac{1}{2}=54$(尺)　张家分布 $36\times\frac{1}{2}=18$(尺)

答：李家分布 54 尺，张家分布 18 尺。

【探源】 据说，明代数学家程大位经常帮助邻里计算，没有架子，助人为乐，受到人们夸奖。

这道和下道诗题，都是反映古算家帮人算账的经历编成的，来自生活实践，不是从古算书中算题编成的。上面及下面的诗题，就是古算家帮人算账分布的历史记载之一。

1.10 纺织分配（西江月）

净拣棉花弹细，相和共雇王孀。
九斤十二是张昌，李德五斤四两。
纺绩①织成布匹，一百八尺曾量。
两家分布要明彰，莫得些儿偏向。

——程大位《算法统宗》

【注释】 ①“纺绩”，指将棉花纺成线（或搓捻成线）。

【译文】 选择弹好的上等棉花，两家人合在一起请王孀织布，张昌家有棉花 9 斤 12 两，李德家有棉花 5 斤 4 两。将两家棉花纺线织成了 108 尺布，分配给两家的要公平，不要有一点儿偏向。

【解法一】 （古算书解法）因棉花总数 9 斤 12 两+5 斤 4 两=156 两+84 两=240 两，所以

张昌家分布　$\frac{108\times156}{240}=70.2$(尺)

李德家分布　$\frac{108\times84}{240}=37.8$(尺)

答：张昌家分布70.2尺，李德家分布37.8尺。

注：若列成综合式，每斤棉花可织布：

$$108\div\left(9\frac{3}{4}+5\frac{1}{4}\right)=7.2(\text{尺})$$

张昌家分布　　　$7.2\times9\frac{3}{4}=70.2(\text{尺})$

李德家分布　　　$7.2\times5\frac{1}{4}=37.8(\text{尺})$

答：张昌家分布70.2尺，李德家分布37.8尺。

【解法二】　（代数法）设每斤棉花可织布x尺，那么张昌应分布$9\frac{3}{4}x$尺，李德应分布$5\frac{1}{4}x$尺，由题意，得

$$9\frac{3}{4}x+5\frac{1}{4}x=108$$

解得

$$x=7.2$$

张昌家分布$9\frac{3}{4}\times7.2=70.2(\text{尺})$，李德家分布$5\frac{1}{4}\times7.2=37.8$（尺）。

答：张昌家分布70.2尺，李德家分布37.8尺。

【探源】　追根溯源，这道词题与上面一诗题一样，是古算家帮人算账的历史记录，词题可能是亲身实践或当时社会实际生活而来。

笔算简史

程大位当时的数学计算不是用笔算，而是用珠算，即在算盘上完成计算的。我国计算技术在宋朝以前长期用筹工具计算（叫筹算）。到了宋朝，我国创造发明了现代有档穿珠的算盘（最近有人著书考证说，现代算盘产生于唐代）以后，才逐渐广泛用珠算。到了明朝，珠算十分流行，全部代替了筹算，数学课本中以及学生、财贸等的计算都用珠算。

起源于8世纪的古印度笔算方法，随着贸易、佛教等传入我国，但因我国有一套完整的筹算与珠算方法，长期没有采用笔算。后来世界笔算改革成现代形式以后，我国仍没有采用，只有一些知算名士，多兼笔算的应用、研究与宣传工作。直到1910年前后，现代通用的笔算才在我国生根、普及和被人们广泛认识和采用，从此结束了珠算为主要计算工具的历史，笔算代替了珠算。所以，现行的笔算在我国被广泛使用的历史是很短的，至今只有百余年。

1.11 巧对对联

花甲①重逢，增加三七岁月②。

古稀③双庆，更多一度春秋。

——清代乾隆与纪晓岚对联句

这副对联还有另一种记载：

花甲重开，外加三七岁月。

古稀双庆，内多一个春秋。

【注释】 ①花甲，古代指60岁。②三七岁即三个7岁为21岁。③唐代大诗人杜甫在《曲江》诗中说："酒债寻常行处有，人生七十古来稀。"后人以"古稀"代称70岁。

【译文】 此对联实际上是一位141岁老人的两种算法。上联：度过了两个花甲外加3乘7岁；下联：庆祝了两次古稀又过了1年，它们共多少岁。

【解法】 根据译文，分别求得上、下联所云岁数

$$60\times2+21=141(\text{岁})$$

$$70\times2+1=141(\text{岁})$$

【探源】 这副"算题"对联，是清朝乾隆五十年（1785），皇帝在乾清宫为千叟（1000个老者）设宴，赴宴者3900人，内有一叟141岁，乾隆高兴地与才子纪晓岚对句。纪晓岚是河北献县人，每天给乾隆皇帝讲书、侍读，酒宴、闲玩之时常与皇帝对句为戏。他们二人对应如流，美句佳联传遍城乡，流芳后世。这里，乾隆皇帝先出上联，要求纪晓岚对下联，他略思片刻，唱对出了下联。

这副妙联，上下相应，十分恰当，古稀对花甲，双庆对重逢（重开），更多（内多）对外加，并且，它巧妙、隐晦地镶嵌了最长者之岁数。

对联在我国已有悠久的历史，我们所见到最早的一副春联："新年纳余庆；嘉节号长春"，是后蜀之主孟昶于宋太祖乾德二年（964）除夕，题于卧室门上。

到了宋代，对联的应用范围逐渐扩大，社会上的酬唱，亲朋间的庆贺和吊唁都使用它。

明清时期，又进一步扩大到名胜古迹、山水园林、茶馆酒肆、歌楼戏台、陵墓道碑、寺庵庙祠。可以说，达到了鼎盛的时期。

1.12 经商本钱（水仙子）

为商出外去经营，将带白银去贩参。

为当初不记原银锭，只记得七钱七买六斤。

脚钱①便使用三分，总记用牙钱②四锭③。

是六十*分中取二分，问先生贩买数分明。

——程大位《算法统宗》

【注释】 ①“脚钱”即运费。②“牙钱”即中介人（或介绍人）佣钱（今称劳务费或信息费）。③古时1锭=50两。

【译文】 某人外出做生意，不知带了多少白银去贩卖人参，只记得6斤人参价7.7钱，运费3分，牙钱4锭。总计中介费是原带本钱银的六十分之二。请问某人原带本钱银、买参数量、参价与运费各是多少？

【解法】 （古算书解法）因为牙钱4锭：50×4=200（两）=2000（钱），是原带本钱银的$\frac{2}{60}$，所以原带本钱银数为

$$2000\div\frac{2}{60}=60000\text{（钱）}$$

因人参6斤价7.7钱（即每斤参价$\frac{7.7}{6}$钱），加脚钱3分（即每斤参脚价$\frac{3}{6}$分），即6斤参价与脚钱共8钱，则每1钱买$\frac{6}{8}$斤参，所以

人参数 $(60000-2000)\times\frac{6}{8}=43500$(斤)

参价 $43500\times\frac{7.7}{6}=55825$（钱）$=5582.5$（两）

脚钱 $43500\times\frac{3}{6}=21750$（分）$=217.5$（两）

答：原带本钱银6000两，买参数为43500斤，参价为5582.5两，运费为217.5两。

【探源】 本书多处反映了古算书记载我国社会商贾（音古，gǔ）经营情况，有助于了解当时社会市场经济数学现象，了解数学的简单应

* 诗文原文为“六分”，依据后文解法可知为漏字，此处为编者所加。

用于市场经济。但此词题出于哪本古算书，有待考源。

1.13 船载油盐

一斤半盐换斤油，五万斤盐载一舟。
斤两内除相为换，须教二色一般筹[①]。

——梅瑴成《增删算法统宗》

【注释】 ①后两句指盐换油后使油盐数量一样多。

【译文】 1.5斤盐换1斤油，5万斤盐载一船，盐换油后的数量一样多，问船中载油盐数各是多少？

【解法】 （古算书算法）因1.5斤盐换1斤油，即每2.5斤盐中可等价理解为应有1斤油和1斤盐，所以，船中载油盐数各为

$$\frac{50000}{1.5+1}=20000\text{（斤）}$$

答：船中载油盐各为2万斤。

【探源】 程大位身居农村，外出经商，在江上乘船或与人交往中，接触了许多实际问题。例如，田亩丈量、谷仓计算、集市贸易，水陆运输、民生日用计算等群众中的实际问题。为了传承数学文化遗产，他选编了前人这道诗题。说明诗题源于实践，用于现实。

程大位谈数学

程大位感到学习数学很重要，他说："远而天地之高广，近而山川之浩衍，大而朝廷军国之需，小而民生日用之赀（同资）。"这就是说，远到天地的高广，近到大山平川的巨大变化，大到国家的经济需要，小到民生的日常生活，无不需要数学。

1.14 买米运费（西江月）

客向新街籴米[①]，共量八十四石，
一千二百七十[②]知，石价尽依乡例；
雇觅小车搬运，装钱三百三十[③]，
脚言家内缺粮食，只据原钱要米。

——程大位《算法统宗》

【注释】 ①籴（音笛，dí，意为买）米，即买米。②指1石米价1270文钱。③指装运的费用330文。

【译文】 有位顾客上街去买米，共买了 84 石，依市价每石米 1270 文。顾客雇请小车装运，每石运费 330 文；搬运工人说家里缺粮食，要求用米来支付运费。试问应付运费多少米？

【解法】 因 1 石米运费 330 文，所以

$$总运费=330\times84=27720（文）$$

又因为 1 石米＝1270 文，所以

脚钱折合米为 $\dfrac{27720}{1270+330}=17.325$(石)

顾客剩米 $84-17.325=66.675$(石)

答：运到顾客家时，应付运费 17.325 石米。

【探源】 此词题是从生活实际编成的。这里的计算要特别注意，脚钱折合米为$\dfrac{27720}{1270+330}$。有些粗心的人列为$\dfrac{27720}{1270}$（≈21.827 石）这就不对了。因为 1 石米的市价和 1 石米的运费之和才是顾客购 1 石米所付的钱数。不能单用 1 石米的市价去计算，否则，顾客帮搬运工人付了他运费折合成米的脚费，因脚钱米这一块，应由搬运工自己负担。通过计算可知，若算错了，便多付给搬运工 21.827－17.325≈4.5(石米)。

1.15 甲追及乙（西江月）

甲乙同时起步，其中甲快乙迟。
甲行百步且交立①，乙才六十步矣。
使乙先行百步，甲行起步方追。
不知几步方追及，算得扬名说你。

——程大位《算法统宗》

【注释】 ①这句与下句意思说，甲走了 100 步停下来时，乙只走了 60 步。

【译文】 甲乙两人同时同地同向开始行走，甲比乙走得快。甲走了 100 步后，乙只走了 60 步。若让乙先走 100 步，则甲开始追及。请问甲走多少步才能追到乙？若你正确算出来，你就名扬天下。

【解法】 古算家解法用今式表达，即走得快的甲单位时间内追上走得慢的乙需走

$$100-60=40(步)$$

甲追及 100 步需要单位时间

$$100\div40=2.5$$

甲追上乙所走步数

$$100\times2.5=250(\text{步})$$

答：乙先行 100 步，甲走 250 步才能追上乙。

注：词题解法列成今综合式为

$$100\times100\div(100-60)=250(\text{步})$$

【探源】 我国是世界上最早研究和应用行程问题中如相遇与追及以及其他相当复杂行程问题的国家，如《九章算术》均输章和后来的古算书《张丘建算经》等书上都有记载，如《九章算术》均输章中第 12 题（追及）和第 20 题（相遇）。第 12 题是"今有善行者行一百步，不善行者行六十步。今不善行者先行一百步，善行者追之，问几何步及之。"第 20 题是"今有凫（音弗，fú，指野鸭）起南海，七日至北海；雁起北海，九日至南海。今凫雁俱起，问何日相逢。"

你看词题与此题对照，文理兼通的古算家好像一点不费力气，如人呼吸空气或者鹰乘风飞翔一样，连数字都没有改动，只将"善行者"改为"甲"，"不善行者"改为"乙"，便成一道脍炙人口融人类情感结晶的"西江月"的词题。

由于我国古算采用简奥文字叙述，没有数学符号、表达式和图表，令今人难懂。上面第 12 题用今式写成解法表达式与词题一样 $100\times100\div(100-60)=250$ 步。

吴敬词题

追及问题，《九章算术》均输章还有 13，14，16，21 等题，此外在其他古算书中也有，如吴敬《九章算法比类大全》中有类似词题：

将军追校（鹧鸪天，又名思佳客）

小校先行约五十，将军马上后驱驰。
赶程三百二十步，欠行十步[①]不能追。
休暂住，莫停迟，更追几步得相齐。
此般妙法人稀会，算得无差敬重伊。

——吴敬《九章算法比类大全》(1450)

答曰：80 步。

【注释】 ①指将军还差 10 步之意。

【解法】 因小校先行 50 步，将军起跑追，将军行 320 步时，校、将还相距 10 步，即将军行 320 步可以追及小校先行 40 步（50－10）。假设小校、将军都是匀速运动，即在相同时间里小校、将军行走的距离之比是不变的。

设将军再行 x 步就可追上小校，显然有

$$\frac{x}{10}=\frac{320}{40}$$

所以

$$x=80$$

另解，若从起点算起，也可以设将军再行 x 步，即将军行（$320+x$）步，就追上小校，则有

$$(320+x):50=320:40$$

$$x=80$$

吴敬诗题又根据《九章算术》均输第 14 题改成的："今有兔先走一百步，犬追之二百五十步，不及三十步而止。问犬不止，复行几何步及之。答曰：一百七步七分步之一。"术曰"置兔先走一百步，以犬走不及三十步减之，余为法。以不及三十步乘犬追步数为实。实如法得一步。"术文说：把兔先走的 100 减去犬尚差的 30 步，其差作为除数。以犬尚差的 30 步乘犬所追步数（250 步）作为被除数。除法运算结果得所求步。用今式表示为

$$30\times250\div(100-30)=107\frac{1}{7}(\text{步})$$

《九章算术》的解法，未说明为什么如此解之道理，其不足可从诗题解法（比例法）便自明。

从上显然可知，吴敬较早用词牌改编《九章算术》中追及题，而程大位可能受其启发引入了上述追及题。因程大位诗词题大多选自吴敬。

1.16 寿星几岁

有一公公不记年，手持竹杖在门前。
借问公公年几岁，家中数目记分明。

一两八铢[①]泥弹子，每岁盘中放一丸。

日久岁深经雨湿，总然化作一泥团。

称重八斤零八两[②]，加减方知得几年。

——梅毂成《增删算法统宗》

【注释】 ①铢，古代重量单位。1 两＝24 铢。②旧市制 1 斤＝16 两。

【译文】 有一个拄着竹手杖的老公公在家门前，问老公公今年有多少岁，老公公说年纪大已经记不清了。不过他在家里用泥丸作了记载：每长一岁就在盘中放上一个泥丸，一个泥丸重 1 两 8 铢。因年岁久远，放在盘里的泥丸被雨水淋湿了，所有的泥丸化成一大泥团了，大泥团重 8 斤 8 两。请你用数学方法计算即可知道老寿星有多少岁了。

【解法】 因大泥团总重 8 斤 8 两，折合 136 两，而 1 两＝24 铢，故大泥团有

$$136\times24=3264(\text{铢})$$

又因为一个小泥丸重 1 两 8 铢，化为 24 铢＋8 铢＝32 铢。

$$3264\div32=102(\text{岁})$$

答：老公公今年 102 岁。

【探源】 古代数学家根据社会上老寿星，创作的这道诗题，设喻生动，构思新颖，脍炙人口，奇特巧妙，有声有色，朗朗上口，饶有趣味，使人不得不高声朗读，笔算或心算出老寿星的年龄。

1.17 孝女归家（西江月）

张家三女孝顺，归家频望勤劳。

东村大女隔三朝，五日西村女到。

小女南乡路远，依然七日一遭。

何朝齐至饮香醪[①]，请问英贤回报。

——程大位《算法统宗》(1592)

【注释】 ①醪，音同劳，láo，是汁滓混合的好酒。似今日醪糟，即由糯米酿成的糯米酒，又叫江米酒。

【译文】 张家有三个已经出嫁的孝顺女儿，经常回娘家看望父母。住在东村的大女儿每隔 3 日回家一次，住在西村的二女儿每隔 5 日回来，就是住在南乡较远的小女儿也要每隔 7 日回家一趟。试问她们至少

多少日才能相会在一起，共饮气香味醇的好酒？请高明能算者告诉我。

【解法】 （古算家解法）根据题意，因她们要同时相会，用今式表示，得

$$3\times5\times7=105(日)$$

答：三个女儿至少要105日才能相会在一起。

【探源】 古算家改编成词题的原型是《孙子算经》卷下第35题“今有三女，长女五日一归，中女四日一归，少女三日一归。问三女几何日相会？答曰：六十日。”其意相同，又是一个惊奇。

《孙子算题》上，该题解法“术曰：置长女五日、中女四日、少女三日，于右方。各列一算于左方。维乘之，各得所到数：长女十二到，中女十五到，少女二十到。又各以归日乘到数，即得。”用现代符号表示为5，4，3维乘，

长女到数为　　$4\times3=12(日)$

中女到数为　　$5\times3=15(日)$

少女到数为　　$5\times4=20(日)$

三女相会日为　$12\times5=60$ 或 $4\times15=60$ 或 $3\times20=60$

答：三女相会日期为60日。

解法类似的词题，最早的数学家吴敬（15世纪），在其著作《九章算法比类大全》一书中编了一首词题：

数珠一串（西江月）

今有数珠一串，轮来仔细分明。
三枚无剩五无零，七个约之恰尽。
欲问共该多少，推穷妙法门庭。
知公能算惯纵横，此法不难易醒。

题意明晰，解法就是求3，5，7的最小公倍数。

答：数串共有数 $3\times5\times7=105$。

吴敬生平见2.35节。

最小公倍数

关于求最小公倍数的问题，实质上是分数通分，即化异分母为同分母。在公元前1世纪的《九章算术》中，有一种方法是把各分母连乘作公分母，虽未明确求最小公倍数的法则，例如，第一章“方田”第8题：

$$\frac{2}{3}+\frac{4}{7}+\frac{5}{9}=\frac{2\times7\times9+4\times3\times9+5\times3\times7}{3\times7\times9}=\frac{339}{189}=1\frac{50}{63}$$

在后来的刘徽《九章算术注》、《孙子算经》和《张丘建算经》等古算中，也有这类应用。

在西欧，最早求最小公倍数的是意大利数学家斐波那契(L. Fibonacci，1175～1250)，但比我国《九章算术》晚一千多年。英国科学史家李约瑟（J. Needham，1900～1995）考证说："欧洲直到15、16世纪才应用最小公倍数、最大公约数。"如英国数学家温盖特（E. Wingata，1593～1656）在《自然算术》（约1629）中，才详细给出求最小公倍数的一般法则。

1.18 制笔用料

八万三千短竹竿，将来要把笔头安。
管三套五为期定，问君多少配成完？

——程大位《算法统宗》

【译文】 今有83000根竹用来制造毛笔，每根竹竿可截3支笔管或5个笔套。试问一共可制成多少支毛笔？笔管、笔套各用多少根竹子？

【解法】 （古算书解法）因每一根竹可制笔管3个，每一根竹可制笔套5个，则共制笔（管、套）

共制笔 $83000\div\frac{8}{15}=155625$（支）

制笔管用竹 $155625\times\frac{1}{3}=51875$(根)

制笔套用竹 $155625\times\frac{1}{5}=31125$(根)

答：一共制成毛笔155625支，笔管用竹51875根，笔套用竹31125根。

【探源】 毛笔是我国著名的文房四宝之一（其他三宝是墨、纸和砚），这是古代书房中常备的四宝。我国古代主要用毛笔写字，制笔生意兴隆，这道诗题根据当时社会实际需要，反映了这一事实。作者又参考古算中类似题目，用有趣、有韵味的诗歌表达，令人读后不忘。

这诗题涉及了分数。分数是在自然数之后产生的，它早在人类文化发展初期，已悄悄闯入人类生活中。

分数简史

分数及其四则运算在我国起源很早。殷商甲骨文中的八字是“分”的意思，在春秋时期（公元前 770～前 476）的《左传》中，有“大都不过三国之一，中五之一，小九之一”的记载。说明各国诸侯国的都城最大者不得超过三分之一，中等的不超过五分之一，小的不超过九分之一。

公元前 3 世纪战国齐人写的工艺书《考工记》有“十分寸之一谓之枚”的记载（即$\frac{1}{10}$寸等于 1 枚，“枚”字相当于后来的“分”字）。

秦始皇时代（公元前 246～前 207）成书的《颛顼历》规定 1 年“三百六十五又四分之一天”即 $365\frac{1}{4}$。在《周髀算经》中已经有了复杂的分数除法运算；《算数书》中有分数性质与法则，还有分数除法颠倒相乘的算法；《九章算术》中，已明确记载世界上最早分数定义和系统的分数四则运算法则等数学概念，与现代一样；刘徽《九章算术注》中明确提出与现在一样的分数除法颠倒相乘的法则及分数的两个基本性质。

古巴比伦人在公元前 600 年左右的泥板书上已有 60 进分数记载。三千多年前的古埃及纸草书中用一个卵形记号“”表示分数，如表示$\frac{1}{5}$等。

东方人早在分数概念、运算等沼泽地里站稳了脚跟，而 12 世纪以前的欧洲人，却陷在沼泽地里，视分数如猛虎。主要原因是他们使用繁复的罗马数字。

直到 1484 年，法国数学家许凯（N. Chuquet，1445～1488）等人才提出与我国《九章算术》相同的分数运算方法。1489 年德国数学家维德曼提出分数除法“颠倒相乘”的法则，比刘徽晚 1200 年。

1.19 巧妙分金（西江月）

甲钏①九成②二两，乙钗③七色④相同⑤。
李银铺内偶相逢，各欲改成器用。
其子未详所以，误将一处销熔。

当时闷恼李三翁，又把算师扰动。

——程大位《算法统宗》

【注释】 ①钏，音同串，chuàn，相当于手镯，如金镯、玉（银）镯等。②成，此指“成色”，即金银币、首饰或器物中所含纯金或银的质量。如$\frac{1}{10}$叫“一成”；“九成”即$\frac{9}{10}$。“九成二两”指含纯金（银）2两×$\frac{9}{10}$或2两×90%=1.8两。③钗，指妇女别在发髻上的一种首饰。④“成色”与“足色”不同。足色指金银成色十足，百分之百的纯金银。⑤相同，指金也是二两。“七色相同”即七成二两。换言之，乙钗含纯金银$2\times\frac{7}{10}=2\times70\%=1.4$（两）。

注：此词题未具体说明是金或是银，但无论是金或是银，算法一样。下统称金银。

【译文】 甲用2两含9成的金银打镯子，乙也用2两含7成金银打首饰，他们相遇在李老板的银铺内，要求打成首饰。李老板的儿子没有弄清楚时，误将两种成色不同的金银熔化在一起，李老板发现后十分烦恼，不知该怎么办，他只好请教数学老师来解决甲、乙应各分多少？

【解法】 （古算书解法）甲二两折合足色金$2\times90\%=1.8$（两），乙二两折合足色金$2\times70\%=1.4$（两）。

甲、乙共折合足色金银　$1.8+1.4=3.2$(两)

原金银4两熔成一炉后，所含成色为

$$3.2\div4=0.8=80\%$$

所以甲应分　　$1.8\div80\%=2.25$(两)

乙应分　　$1.4\div80\%=1.75$(两)

答：甲分2.25两，乙分1.75两。

【探源】 这类金属混合熔化或液体混合稀释的应用题，源于我国古代人们生活、生产中的实际工艺问题，利用简单的比例（除法）知识，就可以解答简单的熔化或稀释问题。下面1.21节和1.22节两题类似。

四舍五入法简史

任何度量线段或计算结果不是精确的，大量的是近似数。

近似计算最早使用“去尾法”（舍去数中低位数，就是只舍不入）和“收尾法”（又叫进一法，舍去低位数的同时，将它前面的一位数加上 1，就是只入不舍）。随之又产生较上两法准确的“四舍五入法”。

《淮南子·天文训》（公元前 2 世纪）中，用 12 个整数表示十二律管的长度，在这 12 个整数中，有 7 个是通过四舍五入写出的整数。例如，应钟律管实际是 $42\frac{2}{3}=42.66\cdots$ 书上采用五入法取值 43；夹钟律管长应为 $67\frac{103}{243}=67.42\cdots$ 书上采用四舍法取值 67。

《九章算术》的均输章第 1 题术文中有“有分者，上下辈之”。刘徽注“辈，配也”，这里指配合的意思，即按四舍五入法为整数，所以刘徽说：“有分数，则四舍五入为整数”。故在《九章算术》本章第 1 题的答案中将 $3324\frac{22}{47}=3324.468$（辆车），$2526\frac{28}{47}=2526.5957$（辆车）记为 3324 和 2527（辆车），显然采用了四舍五入。

三国天文学家杨伟制定历法（237）明确提出四舍五入法：“半法以上排成一，不满半法废弃之。”这里的“法”指分母，意思说：当分子大于分母一半时可以进一，小于一半时就可舍去。类似说法，隋朝天文学家刘焯（544～610），在他所著的《皇极历》（600）中说“过半从一，无半舍之”。

到明代程大位《算法统宗》中，明确提出今天意义的四舍五入：“以五收之，以四去之。”这就是今天四舍五入法的嚆矢。

我国天文学界的计算，因数目大难以精确，他们还创造了一些近似计算方法，如“加成法”“调日法”“内插法”等，其中提出了“不足近似值”和“过剩近似值”两个概念。

1.20 含金几成

足色①黄金整一斤，银匠误侵②四两银。
斤两虽然不曾耗，借问却该几色金？

——梅瑴成《增删算法统宗》

【注释】 ①足色，指金银成色十足，即是百分之百的纯金或纯银。②侵，此指加入。

【译文】 纯黄金 1 斤，送到银铺加工，银匠师傅误将 4 两白银加入熔化，重量虽然没有损耗。试问混合金银里含金的成色是多少？

【解法】 （古算书解法）这是一个简单的除法问题，因 1 斤＝16

两，所以

$$16\div(16+4)=16\div20=0.8$$

答：混合后金银里含金的成色只有8色（或8成或80%）了。

【探源】　古今人们通过计算或测量，便知物品质量（含量或成色）。商品成分掺假，坑害消费者，在检（化）验师面前，必将原形毕露。诗题源于社会实际。

1.21　银里加铜

足色纹银十二两，欲倾八成预忖量①。

斤两虽然添得重，入铜多少得相当？

——梅穀成《增删算法统宗》

【注释】　①忖量，即思量。

【译文】　今有纯银12两，打算加铜将它变成8成银，试问应加入铜多少？

【解法】　（古算书解法）根据题意，仿前面诗题，足色纹银12两混合成8色银应为

$$12\div80\%=15(\text{两})$$

故应加入铜量为

$$15-12=3(\text{两})$$

答：应加入铜3两。

1.22　鸡兔同笼

今有雉①兔同笼②，上有三十五头，

下有九十四足，问雉兔各几何？

——《孙子算经》卷下第31题

【注释】　①雉，音同秩，zhì，通指野鸡。这里指家鸡。②鸡与兔关在一个笼子里，简称“鸡兔同笼”。

【译文】　今有鸡兔关在一个笼子里，上有头35个，下有足94只。问鸡、兔各多少？

注：“鸡兔同笼”问题的模型是：“已知鸡兔头数与脚数，求鸡兔各几？”解法也多，如以兔脚为主元或以鸡脚为主元，采用算术方法或代数法等。

【解法一】 （算术解法之一）以兔脚为主元思考：

设想头 35 全是兔，则应有 $35\times4=140$ 只脚，这样多出了 46 只脚，可以用兔替换同样数目的鸡来减少脚数，每去掉一只兔（换进一只鸡）减少 2 只脚，需要去掉多少只兔（即换进多少鸡）才能减少 46 只脚？显然

有鸡 $46\div2=23$(只)

有兔 $35-23=12$(只)

若用数学综合式计算为

有鸡 $(35\times4-94)\div(4-2)=23$(只)

有兔 $35-23=12$(只)

答：鸡 23 只，兔 12 只。

【解法二】 （算术解法之二）以鸡脚为主元。类似上述分析方法可知，应有（$35\times2=$）70 只脚，比题目少 $94-70=24$ 只脚，用鸡换兔可知，应有兔 12 只，鸡 23 只。

若列成综合式计算，

有兔 $(94-35\times2)\div(4-2)=12$(只)

有鸡 $35-12=23$(只)

【解法三】 （算术解法之三）因每只鸡有 2 只脚，每只兔有 4 只脚，作为解题的一种方法，不妨设想鸡和兔的脚数都是双只，每只鸡 1 双脚，每只兔两双脚。题目中脚的总数由 94 只变为 47 双，还比鸡兔总数多 12，多在谁的身上呢？多在兔的身上，因此

有兔 $47-35=12$(只)

有鸡 $35-12=23$(只)

可列为综合式：

有兔 $94\div2-35=12$(只)

有鸡 $35-12=23$(只)

【解法四】 （代数法）设有鸡 x 只，则兔有 $35-x$ 只，依题意，得

$$2x+4(35-x)=94$$

解得

$$x=23$$

兔为 $35-23=12$(只)

【探源】 这道诗题来源于《孙子算经》卷下第 31 题："今有雉、兔同笼，上有三十五头，下九十四足。问雉、兔各几何？答曰雉二十三，兔一十二"。书上术文有两种解法，第一种似上述解法二；第二种解法是下面的公式。用今式表示：

设头数是 A，足（脚）数是 B，则解法公式是 $\frac{1}{2}B-A$ 是兔数，$A-\left(\frac{1}{2}B-A\right)$是雉（鸡）数。

这个解法公式是奇妙的，但《孙子算经》上没有说明公式来源，我们认为它可能是利用方程推演得到的，不妨作一推演：

设 x 为鸡数，y 为兔数，则

$$\begin{cases}x+y=A\\2x+4y=B\end{cases}$$

解这个方程组，得

$$y=\frac{1}{2}B-A$$

$$x=A-y=A-\left(\frac{1}{2}B-A\right)$$

将 $A=35$，$B=94$ 代入公式，即得

有鸡 $x=23$

有兔 $y=12$

1.23 计算利息

有人借款七百五，千钱月息[①]三十足[②]。
九天以后归还主，利息几何算清楚。

——徐品方《数学诗歌题解》[③]（1997）

【注释】 ①"月息"指一个月所付的利息，因借（贷）款或存款得到本金以外的钱。利息大大高于银行标准者称为高利贷。贷款或存款的金额称作本金。每期利息对本金的百分率称作利率。计算利息时，无论经过多少日期，都用存（借）款作为本金，利不生利，称作单利息（简称利息）。计算单利息的公式是

单利息＝本金×月息率×时间

②"千钱月息付三十"指一个月借 1000，要付单利息 30，表示

$30‰=3\%$。

③引自：徐品方．1997. 数学诗歌题解．北京：中国青年出版社。

【译文】 有一人向别人借 750 钱，月利息千分之三十，9 天以后还钱给债主，问利息是多少？（一个月通常按 30 天计算）

【解法】 根据利息公式

$$750\times\frac{30}{1000}\times\frac{9}{30}=6\frac{3}{4}(\text{钱})$$

答：借 9 天后，应付利息 6 钱 4 分之 3 钱，即 6.75 钱。

【探源】 这道诗题出自被誉为东方“中国欧几里得几何”的《九章算术》卷三衰分（衰，音同崔，cuī）第 20 题：“今有贷人千钱，月息三十。今有贷人七百五十钱，九日归之，问息几何。答曰：六钱四分钱之三。”解法为“术曰：以月三十日乘千钱为法（即除数）。以息三十乘今所贷钱数，又以九日乘之，为实（即被除数）。实如法得一钱。”将术文用今式表示为

$$750\times30\times9\div(30\times1000)=\frac{27}{4}=6\frac{3}{4}(\text{钱})$$

答案与诗题吻合。

公元 25 年，光武帝刘秀定都洛阳，开创了东汉王朝，在封建君主统治下，苛政犹如猛虎，捐税名目繁多，高利贷剥削十分猖獗，《九章算术》多处记录了汉朝或以前的秦代这种苛捐杂税及高利贷的史实。

古算中的利息题

后来的《孙子算经》和《张丘建算经》等古算书中也有利息算题，如

1. 今有贷与人丝五十七斤，限岁（即年）出息一十六斤。问斤息几何？答曰：四两五十七分两之二十八（《孙子算经》卷下）。

解：
$$16\times16\div57=4\frac{28}{57}\ (\text{两})$$

2. 今有甲贷乙绢三疋，约限主不还，疋日息三尺。今过限七日，取绢二疋，偿钱三百。问一疋直钱几何？答曰：七百五钱十七分钱之十五（《张丘建算经》卷上）。

解：
$$300\times40\div(2\times40-3\times3\times7)=705\frac{15}{17}$$

注：1 疋＝40 尺。

3. 今有人举取他绢，重作券，要过限一日息绢一尺，二日息二尺，如是息绢日多一尺。今过限一百日，问息绢几何？答曰：一百二十六疋一丈（《张丘建算经》卷下）。

解：
$$(101\times100)\div2\div40=126\frac{1}{4}(\text{疋})$$

注：1 疋＝40 尺，$\frac{1}{4}$疋＝10 尺＝1 丈。

1.24 计算赔偿（鹧鸪天，又名思佳客）

八马九牛十四羊，赶在村南牧草场。
吃了人家一段谷①，议定赔他六石粮。
牛一只，比二羊，四牛二马可赔偿②。
若还算得无差错，姓字超群到处扬。

——程大位《算法统宗》

【注释】 ①“谷”指稻谷青苗。②本句与上句，理解为羊牛马吃掉青苗之比为 1∶2∶4。因为 1 牛比 1 羊多吃 2 倍，4 牛与 2 马吃的相当，即每牛吃的是马的 2 倍。

【译文】 今有 14 只羊、9 头牛和 8 匹马被赶在村南牧草场上放牧，不慎吃了人家一些稻苗。畜主与苗主商议赔 6 石粮食。赔偿的比例是羊与牛之比是 1∶2，牛与马之比是 4∶2。因羊牛马吃青苗的比率为 1∶2∶4。试问羊、牛、马主各应赔多少粮，若是算得没有错，超群的名字到处宣扬。

【解法】 依羊、牛、马之比为 1∶2∶4，则 14 只羊吃了 14×1＝14 份，9 牛头吃了 9×2＝18 份，8 匹马吃了 8×4＝32 份，总份数为 14＋18＋32＝64，则

羊主应赔粮 $\frac{6\times14}{64}=1.3125(\text{石})$

牛主应赔粮 $\frac{6\times18}{64}=1.6875(\text{石})$

马主应赔粮 $\frac{6\times32}{64}=3(\text{石})$

答：羊主赔粮 1.3125 石，牛主赔粮 1.6875 石，马主赔粮 3 石。

【探源】 这词题是根据我国古算《九章算术》卷三衰分第 2 题改

编的。原题是“今有牛、马、羊食人苗。苗主责之粟五斗。羊主曰：‘我羊食半马。’马主曰：‘我马食半牛’。今欲衰偿之，问各出几何。”（译文：有牛、马、羊三畜，吃掉农家的青苗，苗主要求三畜主赔偿 5 斗粮。羊主说：“我家羊吃的是马的$\frac{1}{2}$”，马主说：“我家马吃的是牛的$\frac{1}{2}$”。现在按照各畜吃苗的比例来计算，问三畜主各赔多少粮?）

注：后来的《孙子算经》卷下第 30 题，也改编《九章算术》这一题为“今有鸡共啄粟一千粒。雏啄一，母啄二，翁啄四。主责本粟。三鸡主各偿几何？答曰：鸡雏主一百四十三。鸡母主二百八十六。鸡翁主五百七十二。”将《九章算术》的羊、牛、马改为鸡雏、鸡母和鸡翁。显然，其解法思想一致。

为了助兴，我们也仿本词题，将《九章算术》这一题编成诗题：

放牧人粗心大意，三畜偷偷吃苗青。
苗主扣住牛马羊，要求赔偿五斗粮。
牛马羊吃得异样，羊吃马的一半量。
马吃牛的一半苗，请问各赔多少粮。

为了了解我国古算家解题方法与风格，我们将此《九章算术》原术文（即解法）与今式对照译出，以飨读者（从而也知《孙子算经》第 30 题的解法）。

【解法一】 （《九章算术》第 2 题原解法）

术　曰	今　译
置牛四马二羊一各自为列衰，	列出分配率： 牛 4，马 2，羊 1，比率为 4∶2∶1，作为列衰，1 斗为 10 升，且分 5 斗＝50 升。
副并为法。	以和 1＋2＋4＝7 作为除数。
以五斗乘未并者各自为实，	以 5 斗（50 升）分别乘以分配率，即 50×1，50×2，50×4 各自作为被除数。
实如法得一斗。	被除数除以除数即得各畜主赔粟斗数，即 羊主赔：$(50\times1)\div7=7\frac{1}{7}$(升)； 马主赔：$(50\times2)\div7=14\frac{2}{7}$(升)＝

1 斗 $4\frac{2}{7}$ 升；

牛主赔：$(50\times4)\div7=28\frac{4}{7}$（升）=

2 斗 $8\frac{4}{7}$ 升。

【解法二】 （现代解法）《九章算术》衰分第 2 题，实际是一道等比数列问题，特用今等比数列来解。

设羊吃了青苗应赔粮 x 升，马吃了青苗应赔偿 $2x$ 升，牛吃了青苗赔偿 $4x$ 升。各赔数组成一个等比数列：

$$x,\ 2x,\ 4x$$

这是一个以公比 $q=2$，项数 $n=3$ 的等比数列，根据等比数列求和公式

$$S_n=\frac{a_1(1-q^n)}{1-q}$$

有

$$50=\frac{x(1-2^3)}{1-2}$$

解之，得

$$x=7\frac{1}{7}$$

则 $2x=14\frac{2}{7}$，$4x=28\frac{4}{7}$。合答。

古算的研究原则

从上可知，古算体例独特，内容瑰富，语言文字随着时代的变化而不同。如商周时期的民间语言到了秦汉就成为古董。秦汉时期的书籍，现代人也难以看懂，特别是古算，不仅文辞简奥深晦，没有数学符号，没有表达式，没有图表，都用古语言文字叙述，即称文字符号解题，令现代人敬而远之。因此，各个时期都有人将古代数学典籍注释或译为当朝语言文字，让祖国优秀的数学文化遗产留传后代。这些注译可使古算书中闪现着电光石火般璀璨的数学理论、方法和思想的奇葩，给人以智慧的启迪，使人数典不忘祖。

研究古算（家）的原则是：用现代数学知识和科学方法进行研究，它既不是古算的复述，也不是用现代数学知识去改写古算；既不能贬低，也不能拔高，实事求是，客观评价。

1.25 一年粮量

三人二日四升七[1]，一十三口要粮吃。

一年三百六十日，借问该粮几多食。

——梅毂成《增删算法统宗》

【注释】 ①古代1石=10斗，1斗=10升，1升=10合。这里4升7合可化为0.47斗。

【译文】 3个人两天吃粮0.47斗，一年360天，13口人共吃粮多少？

【解法】 （古算书解法）从第一句可知，每人每天吃粮$\frac{0.47}{3\times 2}$斗，则13人一年吃粮为

$$\frac{13\times 360\times 0.47}{3\times 2}=\frac{2199.6}{6}=366.6\text{（斗）}$$

注：这诗题是一个复比例问题，反映古代日常生活问题，设一年360日吃x斗，用复比例定义来解为

$$\left.\begin{matrix}3:13\\2:360\end{matrix}\right\}=0.47:x$$

所以
$$x=\frac{13\times 360\times 0.47}{3\times 2}=366.6$$

【探源】 诗题源于社会实际，是从实际生活中改编而成。它涉及了比例问题。

比、比例简史

比例概念起源很早，远在公元前6世纪的古希腊数学鼻祖泰勒斯(Thales，约公元前624～前547)曾利用相似三角形的原理和比例方法测量古埃及金字塔的高，使古埃及国王颇为震惊。

比例在我国起源也很早，如战国时期（公元前5世纪）《墨子·杂守》就记载了复杂的比例运算，用今式表示为

$$36:24:18:14\frac{4}{10}:12=5:3\frac{1}{3}:2\frac{1}{2}:2:1\frac{2}{3}$$

现代的各种比例在我国古代称作“今有术”，即已知三项a，b，c求第四项d的方法，如$a:b=c:d$，求$d=\frac{bc}{a}$。在《九章算术》的粟

米、衰分、均输、勾股等章以及后来古算书中都有许多单比例、复比例、配分比例和连续比例等各种比例问题（如本书后面两题根据古算编成），许多问题都可归结为今有术来解，成为古算的通法。

我国提出“比”一词，首次是在刘徽《九章算术注》中。1607 年徐光启与利玛窦合译《几何原本》前六卷时，创用“比例”一词，不过他们所说的“比例”相当于现在的“比”，而“同类之比”相当于现在的“比例”（详见本书 3.1“几何简史与译名”）。

比例符号“：”在欧洲（如英国等）称作除号，许多国家叫比号。这个符号是 1684 年德国数学家莱布尼茨在《组合的艺术》中第一次提出来作比号的。早在 1637 年英国数学家奥特雷德曾创用符号“::”作比例，未被数学家采用而夭折了。

我国《九章算术》中的“今有术”，大约在公元 7 世纪以前传到古印度，古印度人改称为“三率法”。后来古印度把它传给阿拉伯人，公元 12 世纪，又由阿拉伯传到欧洲各国，13 世纪经意大利数学家斐波那契著《算盘书》中作了详细介绍，受到欧洲各国商人的重视，把它誉为“黄金法”（贵如黄金）。到 18 世纪，诞生于中国的“今有术”，经过两千年的传播、演变，成为世界现代算法中的各种比例算法了。

一粒米看大千世界，一叶舟看历史长河，我国古代数学的伟大成就，荡人心肺，催人奋进，力增智生。展望未来，一叶知秋，明天更美丽。

1.26 粮食互换（梅气清）

三石五斗粟①，曾换芝麻三石足。
又有五斗五升麻，换来小麦量八斗。
今有小麦换粟米，九石六斗无零数。

——程大位《算法统宗》

【注释】 ①粟米简称“粟”。是我国南北方主要粮食作物。南方的粟就是谷子，去壳后称为米。北方俗称小米。此用谷子表示。

【译文】 用 3 石 5 斗谷子，换回 3 石芝麻。又用 5 斗 5 升芝麻，换回 8 斗小麦。现有 9 石 6 斗小麦可以换多少谷子呢？

【解法】 设需要芝麻 x_1 斗，因 5.5 斗芝麻可换小麦 8 斗，依正比例，现有9石6斗小麦，则可换：

$$\frac{5.5}{8}=\frac{x_1}{96}$$

解得芝麻数

$$x_1=\frac{5.5\times 96}{8}=66$$

又设谷为x，又因35斗谷可换30斗芝麻，所以，x斗谷可换$x_1=$66斗芝麻，得

$$\frac{35}{30}=\frac{x}{x_1}$$

即

$$\frac{35}{30}=\frac{x}{66}$$

所以

$$x=\frac{35\times 66}{30}=77$$

答：96斗麦可换谷77斗。即9石6斗麦可换7石7斗谷。

注：此题古算书解法列成综合算式，设粟米为x斗，则

$$x=\frac{35\times 5.5\times 96}{30\times 8}=77$$

【探源】 古代人民是以物易物进行交换的。大约在商周时代（公元前16世纪～前8世纪）出现了货币，商品的直接交换才变成间接交换。

《九章算术》是反映汉代及以前的社会政治、经济、贸易的数学著作，并且在当时以物易物尚未废除，因此在该书卷二“粟米章”就有30多题，简单介绍20种不同粮食（谷、麦、芝麻等），在规定的兑换比率条件下怎样进行交换，使我们从侧面了解古代贸易的一点情况。

这道词题就是源于“粟米章”，高于“粟米章”的综合改编而成的。

1.27 和面用油（西江月）

白面称来四斤，使油一斤相和，
今来有面九斤多，六两五钱[①]不错；
已用香油和合，二斤十二无讹[②]，
再添多少面来和，不会应须问我。

——程大位《算法统宗》

【注释】 ①此句与上句为9斤6两5钱。②无讹，意为正确无误。

【译文】 1斤香油可和4斤白面，现把9斤6两5钱白面，与2斤12两香油混合，按此比例，问再增添多少白面呢？不会计算来问我。

【解法】 这是一道正比例问题，若1斤香油可和4斤白面，则$2\frac{3}{4}$斤香油可和面x斤，即

$$1:4=2\frac{3}{4}:x$$

解得
$$x=2\frac{3}{4}\times4=11$$

所以再增添面

11斤−9斤6两5钱=1斤9两5钱

答：再增添1斤9两5钱白面。

根据古算书和社会生产、生活实际，古代数学家还编了许多诗题，都是用比例知识来求解的。下面再举例简介，并且五道诗题都引自梅瑴成《增删算法统宗》（括号内为笔者解释）。

五道古算诗题

（一）制器工钱[①]

二丈四长尺八[②]阔，四两半银休打脱。

三丈六长尺六阔，该银多少要交割[③]？

【注释】 ①指制作器具用银子付工钱。②“尺八”即1尺8寸，化为18寸。③“交割”是商业用语。此句意为要付多少银才了结。

显然是一道正比例诗题，由题意得

$$\frac{240\times18}{4.5}=\frac{360\times16}{x}$$

解之，需要付工钱x为6两银。

（二）杆上安箍

圆圆三丈一高杆，稍尖头径尺二宽。

今有铁箍径九寸，试问将来何处安？

这是一道正比例题，设安在杆的x寸处，

$$300:12=x:9$$

解之$x=225$，即铁箍安在225寸，即2丈2尺5寸处。

（三）打工报酬

今有四人来做工，八日工价九钱银。

二十四人做半月，试问工钱该几分？（半月15天计）

这是一道复比例题，设工资为 x 钱，则

$$\left.\begin{matrix}24:4\\15:8\end{matrix}\right\}=x:9$$

即
$$x=\frac{24\times15\times9}{4\times8}=101.25$$

解之，应付工资 $x=101.25$，101.25 钱即 10 两 1 钱 2 分 5 厘。

注：用今天列综合式算法，因 4 人每天工资 $\frac{9}{8}$ 钱，每人每天工资为 $\frac{9}{8}\div4$（钱），24 人做工 15 日之工资为

$$24\times15\times\left(\frac{9}{8}\div4\right)=101.25(\text{钱})$$

（四）四商分银

一万六百八两银，四个商人依率分。

原银轮递四六出①，休将六折术②瞒人。

①这里“四六出”指四个商人丁丙乙甲之比为 4∶6∶9∶13.5，即 $\frac{4}{6}=\frac{6}{9}=\frac{9}{13.5}$。②“六折术”指每人之差别不是 6 折（即 60%）。

显然，这是一道连比例问题。因 4∶6∶9∶13.5，因此总份数为 4+6+9+13.5=32.5，所以

甲分银： $\frac{10608\times13.5}{32.5}=4406.4(\text{两})$

乙分银： $\frac{10608\times9}{32.5}=2937.6(\text{两})$

丙分银： $\frac{10608\times6}{32.5}=1958.4(\text{两})$

丁分银： $\frac{10608\times4}{32.5}=1305.6(\text{两})$

（五）四客分丝

三百六十九斤丝，出钱四客要分之。

原本皆是八折出，莫教一客少些儿。

——梅瑴成《增删算法统宗》

【注释】 “八折出”指四客按比率八折（即 80%）分丝。若设甲分 1000，则乙按八折为 800，丙八折为 640，丁八折为 512，即 1000∶800∶640∶512。

显然，这是一个连比问题。总份数为 $1000+800+640+512=2952$，所以

甲分丝：$\dfrac{369\times1000}{2952}=125$(斤)

乙分丝：$\dfrac{369\times800}{2952}=100$(斤)

丙分丝：$\dfrac{369\times640}{2952}=80$(斤)

丁分丝：$\dfrac{369\times512}{2952}=64$(斤)

02 代数部分

2.1 春日沽[1]酒

我有一壶酒，携着游春走。
遇务[2]添一倍，逢店饮斟九[3]。
店务经四处，没了壶中酒。
借问此壶中，当原多少酒。

——朱世杰《四元玉鉴》[3]（1303）第 4 题

【注释】 ①沽，即买。②务，指酒肆，即卖酒的地方。③㪷，音同陡，dǒu，同“斗”，容量单位，1 㪷=10 升。“㪷九”即一㪷九升。

【译文】 我提着一个装有酒的酒壶，在春光明媚的日子里去春游。每次遇到卖酒的地方便将壶中的酒添加一倍，接着，见到店就开始饮酒，每饮一次，喝去 1.9 斗。这样反复经过四次，喝完壶中酒。请你算算，原来壶中装有多少酒?

【解法一】 （算术法）

由题意知，四遇店和务喝光壶中酒，所以，第四次逢店前壶中内只有 1.9 㪷酒，即 $\frac{19}{10}$（㪷），那么遇务前壶中应有 $1.9\div2=\frac{19}{10}\div2=\frac{19}{20}$（㪷）。以此类推，第三次逢店前壶内有酒 $\left(\frac{19}{20}+\frac{19}{10}\right)$ 㪷，那么第三次遇务前壶内有酒：$\left(\frac{19}{20}+\frac{19}{10}\right)\div2=1\frac{17}{40}$（㪷）

第二次逢店前壶内有酒 $\left(1\frac{17}{40}+\frac{19}{10}\right)$ 㪷，那么第二次遇务前壶内有酒

$$\left(1\frac{17}{40}+\frac{19}{10}\right)\div2=1\frac{53}{80}\text{（㪷）}$$

第一次逢店前壶内有酒 $\left(1\frac{53}{80}+\frac{19}{10}\right)$ 㪷，那么第一次遇务前壶内有酒

$$\left(1\frac{53}{80}+\frac{19}{10}\right)\div 2=1\frac{25}{32}\text{（㪷）}$$

注：这种解法就是古印度人发现的“反推法”，即从最后结论进行逆推的方法，并对每一步运算都以其逆运算代替。

综合式：

$$\left\{\left[\left(\frac{19}{10}\div 2+\frac{19}{10}\right)\div 2+\frac{19}{10}\right]\div 2+\frac{19}{10}\right\}\div 2=1\frac{25}{32}\text{（㪷）}$$

【解法二】 设原来壶中有酒 x 㪷，依题，“遇务加一倍”为 $2x$；“逢店饮㪷九”为 $2x-1.9$；“店务经四处”为 $2\{2[2(2x-1.9)-1.9]-1.9\}-1.9$；则没了壶中酒

$$2\{2[2(2x-1.9)-1.9]-1.9\}-1.9=0$$

解得 $$x=1\frac{25}{32}$$

答：原来壶中有酒 $1\frac{25}{32}$ 㪷。

【探源】 元代数学家朱世杰（13 世纪末至 14 世纪初）编的这首五言八句诗题，是根据古算与教学经验编成的，因他为了提高学生学习数学兴趣，编成诗题进行讲解，记载在他的著作《四元玉鉴》一书中，他是一位周游四方的职业数学教育家，向他学习数学的学生很多。他还著有《算学启蒙》，他对于四元高次方程组解法等的研究卓有成就。

《四元玉鉴》全书分 24 门，共 288 题。在“或问歌象”门里共有 12 个问题，都是用诗歌形式提出来的。上面诗题为该门中第 4 题（其他的题后面介绍）。

300 年后的明代数学家程大位将朱世杰这道诗题作了修改，改为较简单的诗题，收录在他的《算法统宗》里，五言八句诗题是

今携一壶酒，游春郊外走。
逢朋添一倍，入店饮斗九。①
相逢三处店，饮尽壶中酒。
试问能算士，如何知原有？

——程大位《算法统宗》

答：原有酒 16.625 升，即 1 斗 6 升 6 合 2 勺 5 抄（古时 1 合＝10 勺，1 勺＝10 抄）

【注释】 ①古时 1 斗＝10 升，1 升＝10 合，1 合＝10 勺，10 勺＝

10 抄，1 抄＝10 撮，1 撮＝10 圭，1 圭＝10 粟。容量单位，“斗九”即 1 斗 9 升＝1.9 斗。

两首诗题，都以春天衬托。春天，大自然生机盎然，千姿百态，蜂飞蝶舞，枝繁叶茂，和风拂面，山水云霞，令人心旷神怡，领略人生，净化胸襟，升华智慧。因此，诗题用“游春”二字衬托，激起人生活力，勾起春天的美好，这与一般言情诗无异了。

今天，教育界的炎黄子孙，没有忘记承传古代数学家呕心沥血，心思灵巧而编出的脍炙人口的精彩趣题。为了锻炼今人的智巧和思维潜力，激活对数学兴趣，又改编成通俗易懂，饶有兴味的大众化诗题，并把联想诗仙李白“斗酒诗百篇”，勾人魂魄的形象，荡起读者思绪的涟漪。如 1979 年的《科学画报》刊载有

李白无事街上走，提着酒壶去买酒。
遇店加一倍，见花喝一斗。
三遇店和花，喝光壶中酒。
试问壶中原有多少酒。

上面三题的解法思路同出一辙，读者可自己解后两题。

代数学起源

初等代数是算术的推广，即以字母代表数并以数的运算规律为依据，进行数、字母及表达式间的运算。代数与算术有别，代数是函数的演算，而算术是数值的演算。

代数起源很早，约公元前 1800 年古埃及纸草书就有解方程求未知数值的方法。大约在公元前 8 世纪，古巴比伦的泥板书中已有一元二次方程及其解法。不过，古代的算术、代数、几何是互相交织的，而且由于古希腊几何高度的发展，使代数几乎成了几何的附属品，埋没其美名。

大约在公元 100 年，古希腊数学家尼科马霍斯（Nicomachus）写了一本《算术入门》，第一次使数的科学脱离几何而独立，从而为纯代数的建立树立了榜样。

公元 3 世纪，古希腊代数的鼻祖丢番图（Diophantus，约 246～330）发表了第一部包含数论及不定方程等内容的代数学著作《算术》，使代数表达大为简化。公元 825 年左右，阿拉伯的阿尔·花剌子模（Al-Khwarizmi，约 780～约 850）创立了“代数学”名词，其书译为

阿尔·花剌子模(约780～约850)

《对消与还原的科学》。“对消”即今称“合并”，“还原”即今称“移项”。并且，花剌子模发现完全的一元二次方程 $ax^2+bx+c=0$ 的求根公式

$$x=\frac{-b\pm\sqrt{b^2-4ac}}{2a}\quad(a\neq0)$$

公元7～8世纪，古印度数学家婆罗摩笈多（Brahmagupta）在著作中给出一个求根公式。

13世纪欧洲数坛中心人物意大利数学家斐波那契写了一本著名的代数书，起了一个奇怪的书名《开花》，并说代数学是花朵，表达了代数学的重要地位。从此代数学终于成为独立一门数学分支。

我国也和西方一样，把代数看成是解方程理论的科学而具有悠久的历史，如《九章算术》中的一元二次方程数值解法以及10世纪后由李冶（11世纪）、朱世杰（1249～1314年）、秦九韶（1208～约1268）创立的“天元术”（相当于一元方程）、“四元术”（相当于四元方程理论）以及高次方程数值解法等，在代数发展史上占有光辉的一页。

16世纪意大利数学家，法国的符号代数之父韦达（F. Vieta，1540～1603）等的努力使代数学成为一门应用更广泛的数学分科。

2.2 沽酒待客（西江月）

待客携壶沽酒，不知壶内金波。
逢人添倍①又相和，共饮斗半②方可。
添饮还经五处，壶中酒尽无多。
要知原酒无差讹，甚么法儿方可。

——程大位《算法统宗》

【注释】 ①倍，指1倍。②斗半，即1斗半，即1.5斗。

【译文】 家里来了客人去买酒，不知道壶里原来还剩多少美酒。在买酒的地方遇见了老朋友，将壶中的酒添加一倍后，便和老朋友共饮起来了，每一次共饮壶中1.5斗酒，这样反复经过5次，最后将壶中酒

喝尽无余。试问原来壶里有多少酒，用什么方法计算出来。

【解法】 设原来壶中有酒 x 斗，根据题意

“逢人添倍”后 $2x$

“共饮斗半”后 $2x-1.5$

如上“添饮还经五处”以后有

$$2\langle 2\{2[2(2x-1.5)-1.5]-1.5\}-1.5\rangle-1.5$$

最后壶中酒尽，得方程

$$2\langle 2\{2[2(2x-1.5)-1.5]-1.5\}-1.5\rangle-1.5=0$$

解得

$$x=1.453125$$

答：原来壶中有酒 1 斗 4 升 5 合 3 勺 1 抄 2 撮 5 圭。

注：古时 1 石＝10 斗，1 斗＝10 升，1 升＝10 合，1 合＝10 勺，1 勺＝10 抄，1 抄＝10 撮，1 撮＝10 圭。

在梅瑴成《增删算法统宗》里，还有同类题，此称为“沽酒探亲”：

昨日沽酒探亲朋，路远迢遥有四程。（程指里路，道路的段落）

行过一程添一倍，却被安童盗六升。（“安童”指“顽童”）

行到亲家门里面，半点全无在酒瓶。

借问高明能算者，几何原酒要分明。

题意透明、通俗，不用译文。解法同上，只将前面词题中“斗，半”（即 1.5）改为“六升”（即 6）便得方程

$$2\{2[2(2x-6)-6]-6\}-6=0$$

解得

$$x=5.625$$

即 5 升 6 合 2 勺 5 抄。

【探源】 上面两首诗题，古算家根据我国人民宴客、喝酒生活实际编成，古算书中也有酒的问题，但用诗词编成，十分有趣。

类似这类的诗题，后来出现在苏联契斯佳可夫（В. Д. чисяков）著《初等数学古代名题集》里：“一位快活的法国人，来到一个小饭馆，身边带着一笔数目不清的钱。他向饭馆主人借了与他身上所带同样数目的钱。然后花去 1 卢布。带着剩下的钱，又来到第二家饭馆，在那里同样借了与身上所带钱数相同的钱，然后，再花掉 1 卢布。此后，他又走进第三家、第四家小饭馆，并且同样行事。当他最后从第四家小饭馆出来

时，自己身上已经一文没有。快活的法国人原有多少钱？”

仿上可求，读者自解。

酒在宴席中可以助兴、添乐，增加气氛，古代还有在划拳、行令、韵诗、作对等少不了。

喝酒要讲文明，自持适度，限量可以带来欢乐、愉快，这叫饮酒，医学证明，适量饮酒有益于身体健康。但嗜酒特别是嗜酒如命，或者酗酒是一种慢性自杀的行为，万万不可取。嗜酒、酗酒如命伤身又影响下一代。据载：唐朝诗仙李白嗜酒如命，吟诗狂饮，致使他终生留下难以弥补的遗憾；四个儿子个个痴呆，无一成才。陶渊明酗酒成性，五个儿子，亦是一个比一个痴呆。古语云：“美酒虽香勿多饮，谨防醉酒祸患生。”

十进位值制

上两诗题都涉及美妙的古代十进制记数法。我国十进位值制在原始社会就形成了，完成于奴隶社会初期的商代（公元前16世纪～前11世纪）。古埃及人在公元前3000年左右，最早使用十进制，这是一种累计值的十进制，而不像我国创造的先进十进位值制。“位值制”指一个数的数字，在不同位置表示不同数值，如43与34中4与3，在43中4表示40，3表示3；而在34中，3表示30，4表示4。所以，古埃及十进制不及我国，古印度人在公元6世纪才使用十进位值制。故马克思称我国十进位值制“是最妙的发明之一”（马克思，《数学手稿》，人民出版社，1975，205页）。

2.3 群羊逐草（凤栖梧）

甲赶群羊逐草茂，乙拽肥羊一只随其后。
戏问甲及一百否，甲云所说无差谬。
若得这般一群凑①，再添半群小半②群。
得你一只来方凑，玄机奥妙谁参透？

——程大位《算法统宗》

【注释】 ①这句话说在这群的基础上加上这样一群。②小半，即1/4。

【译文】 牧羊人甲赶着一群羊去寻找草长得茂盛的地方放牧。有一个过路人乙牵着一只肥羊从后面跟了上来，他对牧羊人甲说：“你好！牧羊人！你赶的这群羊大概有100只吧？”牧羊人甲回答说：“如果这一群羊加上同样的一群，再加上原来这群羊的一半，又加上原来这群羊的四分之一，连你牵着的这只肥羊也算进去，才刚好凑满 100 只。”谁能够知道牧羊人放牧的这群羊一共有几只？

【解法】 用现代数学符号，设这群羊共有 x 只，根据题意，得

$$x+x+\frac{1}{2}x+\frac{1}{4}x+1=100$$

解得

$$x=36$$

答：牧羊人放牧的这群羊共有 36 只。

【探源】 这道诗词题，古算家可能是根据《孙子算经》或《张丘建算经》类似题改编的。如

1. 今有甲、乙二人，持钱各不知数。甲得乙中半(即 1/2)，可满四十八。乙得甲太半(2/3)，亦满四十八。问甲、乙二人原持钱各几何？答曰：甲持钱三十六，乙持钱二十四。(引自《孙子算经》卷下第 28 题)。

现代解法（原解略）设乙持钱 x 文，则甲持钱 $\left(48-\frac{x}{2}\right)$ 文，依题意 $x+\frac{2}{3}\left(48-\frac{x}{2}\right)=48$，解得 $x=24$ 文，则甲为 36 文。

《张丘建算经》卷下第 15 题类似（见后 2.20 题）。

2. 今有甲、乙、丙三人持钱。甲语乙、丙：“各将公等所持钱半（即 1/2）以益（即加）我钱，成（即等于）九十。”乙复语甲、丙：“各将公等所持钱半以益我钱，成七十。”丙复语甲、乙：“各将公等所持钱半以益我钱，成五十六。”问三人原持钱各几何？答曰：甲七十二，乙三十二，丙四（引自《孙子算经》卷中)。（原术文略）用今方程组解，设甲为 x，乙为 y，丙为 z，依题意，得

$$\begin{cases}\frac{y+z}{2}+x=90\\ \frac{x+z}{2}+y=70\\ \frac{x+y}{2}+z=56\end{cases}$$

解之，得答。

3. 今有甲、乙、丙三人持钱不知多少。甲言：“我得乙太半，得丙少半（即 1/3)，可满一百。”乙言：“我得甲太半，得丙半，可满一

百。”丙言：“我得甲、乙各太半，可满一百。”问甲、乙、丙持钱各几何？答曰：甲六十，乙四十五，丙三十。（引自《张丘建算经》下，第14题），解法仿上面2，原术文略。

科学家有国界，但科学知识没有畛域。我国古代科学知识流传海外屡见不鲜。这道诗题的相似内容，在后来的国外数学中可以看到。例如，俄国著名数学家马格尼茨基（L. F. Magnitskil，1669～1739）著《算术》（1703）。书中许多问题及其解法都是从中国、古印度、阿拉伯等的古算书中摘抄或改变而成的。这本《算术》书中有一题：

父亲领儿子进学校去，问先生道：

“请告诉我，你有多少学生？”

先生回答说：“如果招收一批像现在那么多的学生，再招半数，再招四分之一，再加你儿子在内，才有100个学生。”问学校现有学生多少？

这题与程大位书上词题性质相同，但“百羊”问题变为“百人”了。

马格尼茨基是以“假设法”来解的。“假设法”在我国《九章算术》里早已应用，称为“盈不足术”。“假设法”见后2.12题。

在苏联拉尼切夫《初中代数习题汇编》（中译本）第107题，又有类似一题，但“百羊”变成“百雁”了：

空中飞过一群雁，迎面又飞来一只雁，说：“你们好，100只雁吗？”雁队的队长说：“我们不是100只，我们现在有的数，加上一个现有的数再加上现有数的一半，又加现有数的1/4，连你算上才是100！”问雁群有雁几只？

我国古代，类似的百羊趣题很多，成为锻炼人们智巧的数学游戏，磨砺着无数数学爱好者的思维。

2.4 利滚利债

本利年年倍①，债主催速还。

一年取五斗②，三年本利完。

——梅瑴成《增删算法统宗》

【注释】 ①当年的利息加入本金计算利息，即利要生利，称作利滚利的高利贷。本利每年增一倍的利息不是单利息。如原借 x 斗，第一年为 $2x$ 斗……这是很苛刻的借贷。②这句说每年要付债主五斗粮。

【译文】 向债主借若干粮，本利一年比一年增1倍，每年还5斗，本利 3 年还完，试问向债主借了多少粮？

【解法】 设借粮 x 斗，则第一年还 5 斗以后，欠粮 $2x-5$ 斗，第二年为 $2(2x-5)-5$ 斗，第三年为 $2[2(2x-5)-5]-5$ 斗。依题意，三年本利完，

$$2[2(2x-5)-5]-5=0$$

解得 $$x=4.375$$

答：原借粮 4 斗 3 升 7 合 5 勺。

【探源】 关于我国古代借贷付息，在前面 1.23 题作了介绍，这些题在《九章算术》衰分第 20 题，《孙子算经》卷下和《张丘建算经》卷上、卷中都有记载。古算家便根据这些算题编成诗题，前面 1.23 诗题都是单利息。但在古代当时，还有这种利滚利借贷吃人的情况，上面诗题就是一例。你看：

通过计算可知，原来向债主借粮 4.375 斗，3 年期间付给债主本利共 15 斗。除去本金外，仅利息就付出 10.625 斗。可见这种利要生利的“利滚利”高利贷剥削是多么的惊人啊！不算不知道，一算吓一跳。

2.5 河滨洗碗

妇人洗碗在河滨，试问家中客几人？
答曰不知人数目，六十五碗自分明。
二人共餐一碗饭，三人共吃一碗羹。
四人共肉无余数，请问布算[①]莫差争。

——梅瑴成《增删算法统宗》

【注释】 ①古代摆布算筹（小棒）计算。

【译文】 有一妇人在河边洗碗，有人问她家中来了多少客人？妇人回答不知客人数，但是一共用了 65 只碗。平均 2 人共用一个饭碗，3 人共喝一碗汤，4 人共吃一碗肉，请你计算就知道有多少客人。

【解法一】 （《孙子算经》解法）

术曰：置六十五桮（即杯），以一十二乘之，得七百八十，以十三除之，即得。（答曰：六十人。）

即共有客人：$65\times12=780$，$780\div13=60$(人)

综合式为 $$65\times12\div13=60(\text{人})$$

《孙子算经》是怎样列出算式呢？书上没有说明。我们认为理由是

$$65\div\left(\frac{1}{2}+\frac{1}{3}+\frac{1}{4}\right)=65\div\frac{13}{12}=60(\text{人})$$

根据题意，还可求得（解法二、三同）

饭碗：$60\times\frac{1}{2}=30(\text{只})$

羹碗：$60\times\frac{1}{3}=20(\text{只})$

肉碗：$60\times\frac{1}{4}=15(\text{只})$

【解法二】（《张丘建算经》解法）

术曰：列置共杯人数于右方，又置共杯数于左方。以人数互乘杯数，并，以为法。令人数相乘，以乘杯数，为实。实如法得。

这段术文用现代式表示为

$$(65\times2\times3\times4)\div[(2\times3)+(3\times4)+(4\times2)]$$
$$=1560\div26=60(\text{人})$$

【解法三】（代数法）设有客 x 人，根据题意得

$$\frac{x}{2}+\frac{x}{3}+\frac{x}{4}=65$$

解得 $x=60$

【探源】 用膳碗数，隐藏着数学精华，经研考证，逆溯古道，探源觅踪，中华古籍算经中不止一次可见。最早出现在古算名著《孙子算经》（4 世纪）卷下第 17 题："今有妇人河上荡桮。津吏问曰：'桮何以多?'妇人曰：'家有客'。津吏曰：'客几何?'妇人曰：'二人共饭，三人共羹，四人共肉，凡用桮六十五。不知客几何?'答曰：六十人。""术曰：置六十五桮，以一十二乘之，得七百八十，以十三除之，即得。"用今式表示：65×12=780，780÷13=60（人），合答。

这里，"桮"即杯，盛羹之器；"津吏"指管津梁的小官。"津梁"就是河上的桥梁。此指闸官之类。

显然与诗题同出一辙。

后来的古算《张丘建算经》卷下第 37 题也有"河上荡杯"一题，只将"桮"字改为"杯"，其数据、题意都和诗题、《孙子算经》一样。解法（术文）见上解法一、二。

类似诗题在程大位原编，梅穀成《增删算法统宗》中也有（略）。

一个数学名题能如此广泛地传播和激动人心，确是罕见的。

寻根觅踪，不得不赞叹中华数学之悠久、瑰丽，必然更增生爱我中华，自觉加入弘扬中华数学文化的行列，在承传文明中创造新的篇章。

2.6 勤奋读书

有个学生资性好，一部孟子①三日了，
每日增添一倍多②，问君每日读多少？

——梅彀成《增删算法统宗》

【注释】 ①孟子（约公元前 372～前 289）名轲，字子舆，邹国（今山东邹县）人。战国时期思想家、政治家和教育家。孟子曾聚徒讲学，弟子数百，多次带领学生公孙丑、万辛等将自己当年游说时的言论编纂成《孟子》一书，可惜今只存七篇。《孟子》一书原共有 34685 字（据赵岐注本）。②“一倍多”宜改为“成一倍”。

注：诗题意明，不用译文。解法多种，此用方程与等比数列来解。

【解法一】 （方程解）设第一日读 x 字，第二日读 $2x$，第三日读 $4x$，根据题意，得

$$x+2x+4x=34685$$

解得

$$x=4955$$

答：第一天读 4955 字，第二天读 9910 字，第三天读 19820 字。

【解法二】 （等比数列来解）设第一天读 x 字，则与第二、第三日读的字数组成等比数列：x，$2x$，$4x$，公比 $q=2$，项数 $n=3$，前 3 项和 $S_3=34685$，代入等比数列求和公式：

$$S_n=\frac{a_1(1-q^n)}{1-q}$$

即

$$34685=\frac{x(1-2^3)}{1-2}$$

所以

$$x=4955$$

答：同上。

注：程大位原编，梅彀成还选编了类似诗题（略）。

【探源】 推测此诗题可能是古算家根据《孙子算经》卷下第 4 题的大意另编而成：“今有佛书凡二十九章，章六十三字。问字几何？答曰：一千八百二十七。术曰：置二十九章，以六十三字乘之，即得。”

即 29×63＝1827（字）当然，上述诗题要稍难一点。表达读书的重要性。

书不会教人如何去吃饭，如何去具体工作，但它给人以知识，提高人的素质，拓展人的视野，丰富人的想象力，提高人分析与解决问题的能力和审美能力。

古代学者提倡“读万卷书，行万里路”，前一句讲可获得间接知识，后一句讲可获得直接知识。这就是今天提倡理论与实践相结合的读书方法，“读书破万卷，下笔如有神”就是读书的目的。

方程简史

初等代数是搞清数量关系的智力，因方程是代数的一个中心问题，在数学史上，方程变成了代数的代名词。

我国“方程”的名称与定义来源于《九章算术》中刘徽注，但与今不同，书上“方程”一词含义相当于今天的方程组。现在的“方程”一词是清代初期借用来译“equation”，也有译为“等式”。正式确立用“方程”的术语是近代的事。

在国外，早在 3600 年前，古埃及的阿默斯（Ahmes，约公元前 1700 年）用一串符号表示一次方程，如下图：

相当于一次方程

$$x\left(\frac{2}{3}+\frac{1}{2}+\frac{1}{6}+1\right)=37$$

后来古希腊的丢番图、法国韦达等用不同符号表示方程。直到 1637 年，法国的笛卡儿（R. Descartes，1596～1650）在《几何学》中创用了与今相同的方程写法，才和现在写法基本一致。笛卡儿把未知数和常数通过有理运算和开方所组成的方程称为“代数方程”，非代数方程称为“超越方程”。

二次代数方程的求解问题历史久远。在古巴比伦泥板中（公元前 18 世纪）就载有二次方程的问题，古希腊人也解出某些二次方程。

中国古代赵爽（公元 3 世纪）和古印度婆罗摩笈多（公元 7 世纪）

先后给出一个求根公式，直到9世纪，阿拉伯的花剌子模才彻底发现一元二次方程求根公式，沿用至今。

三、四次方程的研究，古巴比伦人、古希腊的阿基米德（Archimedes，公元前287～前212）等都做过一些工作，直到15、16世纪被意大利的卡尔达诺（G. Cardano，1501～1576）、塔尔塔利亚（N. Tartaglia，1500～1557）等数学家解决，发现了三、四次方程的求根公式。

塔尔塔利亚（1500～1557）

16、17世纪，如何判定方程的正根、负根和复数根的个数，被卡尔达诺、牛顿等解决。

五次以上方程的根式解，18世纪以后，经许多数学家研究，最后被阿贝尔（N. H. Abel，1802～1829）和伽罗瓦（B. Galois，1811～1832）解决了，从而建立了群论。

代数方程理论的另一个问题是“一个方程能有多少个根”。许多数学家进行研究，最后荷兰数学家吉拉德（A. Girard）在1629年发现 n 次方程有 n 个根的“代数基本定理”，1799年才被高斯证明。

2.7 行程减等

三百七十八里[①]关，初行健步不为难。
次日脚痛减一半，六朝[②]才得到其关。
要见每朝行里数，请公仔细算相还。

——梅瑴成《增删算法统宗》

【注释】 ①唐代以后1里=360步，1步=5尺。②指6天。

【译文】 有一个人步行到378里外的要塞去，第一天走路强壮有力，第二天脚走痛了，他所走的路程比第一天减少了一半，以后几天走的路程都比前一天减少一半，第六天才到达目的地。请你仔细计算他每天各走多少里路程。

【解法一】 设第一天走 x 里，以后每天分别走 $\frac{x}{2}$，$\frac{x}{4}$，$\frac{x}{8}$，$\frac{x}{16}$，$\frac{x}{32}$里，根据题意，得

$$x+\frac{x}{2}+\frac{x}{4}+\frac{x}{8}+\frac{x}{16}+\frac{x}{32}=378$$

解之，得

$$x=192$$

答：初日走192里，次日走96里，第三日走48里，第四日走24里，第五日走12里，第六日走6里。

【解法二】 （等比数列解）从上可知，这是一道等比数列问题，公比 $q=\frac{1}{2}$，项数 $n=6$，$S_6=378$，代入等比数列前 n 项和公式，得

$$378=\frac{x\left[1-(1/2)^6\right]}{1-1/2}$$

解之，得答，初日走192里，余同解法一。

【探源】 这诗题类似《张丘建算经》卷中第3题“今有马行转迟，次日减半疾，七日行七百里。问日行几何?”显然由此题改编而成。

《张丘建算经》上这题解法略。可仿上解法二：

若设初日行 x 里，第二，三……七日为 $\frac{x}{2}$，$\frac{x}{4}$，$\frac{x}{8}$，$\frac{x}{16}$，$\frac{x}{32}$，$\frac{x}{64}$ 里。仿上解法一可求得

$$x=352\,\frac{96}{127}$$

即三百五十二里一百二十七分里之九十六。代入 $\frac{x}{2},\frac{x}{4},\cdots,\frac{x}{64}$ 即得（略）。

2.8 绳索量竿

一条竿子一条索，索比竿子长一托①。

折回②索子却量竿，却比竿子短一托。

——梅毂成《增删算法统宗》

【注释】 ①托，是古人丈量长度的常用方法之一，将两手向左右平伸，两手中指间的距离为1托。今天仍有人用此法去丈量长短。明朝程大位《算法统宗》时1托=5尺，10尺=1丈。②折回，即对折。

【译文】 现有一根竿和一条绳索，用索去量竿，索比竿长5尺；若将索子对折去量竿，索子就比竿子短5尺，请问索、竿有多长?

【解法】 诗题的第二句是联系已知与未知的一个代数式，第三、

第四句就是一个等量关系，即折回索长+1 托=竿长

设竿长 x 尺，则索长 $x+5$ 尺，根据题意，得

$$\frac{x+5}{2}+5=x$$

解之，得 $x=15$

则索长 $x+5=20$

答：竿长 1 丈 5 尺，索长 2 丈。

注：也可用方程组解，设索长 x 尺，竿长 y 尺，则 $\begin{cases} x-y=5, \\ y-\dfrac{x}{2}=5, \end{cases}$ 解之合答。

【探源】 这诗题，古算家根据《孙子算经》卷下第 18 题改编而成。原题是："今有木，不知长短。引绳度之，余绳四尺五寸。屈绳（指对折绳）量之，不足一尺。问木长几何？答曰：六尺五寸。"

2.9 盈不足术

算家欲知盈不足①，两家互乘②并③为物④。

并盈不足为人实⑤，分率⑥相减余为法⑦。

法除物实为物数⑧，法除人实人数得⑨。

——程大位《算法统宗》

【注释】 ①李籍《音义》说："盈者，满也。不足者'虚也'。满虚相推，以求其适，故曰盈不足。"故，不严格地说，"盈"即多，"不足"即少或亏。研究盈亏相推的数量关系就是盈不足问题。②互乘，指不足和盈交错相乘。"交错相乘"原术文称为"维乘"，程大位改称为"互乘"。③并，即相加。④物，指被除数。⑤实，指被除数。"物"与"实"在这里是同一意义。⑥分率，原指比例中的后项，原术文为"所出率"，程大位改为"分率"。用分数观点讲，即分母。⑦法，指除数。⑧此句指$\frac{\text{物实}}{\text{法}}$=物价。⑨此句指$\frac{\text{人实}}{\text{法}}$=人数。

【译文】 数学家们希望知道盈不足问题的解题方法，用两次假设不足和盈交错相乘的和作为物价的被除数，又用盈与不足的两数相加的和作为人数的被除数，用两次分率之差作为除数，于是就得到计算物

价的公式$\frac{\text{物实}}{\text{法}}$=物价，得到计算人数的公式$\frac{\text{人实}}{\text{法}}$=人数。

【解法】 别开生面的盈不足术，是我国古代最早创造的解决数学问题的一种著名的、杰出的算法，《九章算术》第七章专讲它。如第一题："今有共买物，人出八，盈三；人出七，不足四。问人数、物价几何。"（意思是说：今有若干人凑钱共同买物。若每人出 8 个钱，则（比物价）多余（盈）3 个钱；若每人出 7 个钱，则（比物价）少（不足）4 个钱。问人数与物价各是多少。）

按现代解法，可设人数为 x，则物价为 $8x-3=7x+4$，故

$$x=\frac{4+3}{8-7}=7$$

所以物价为 $8x-3=8\times7-3=53$（钱）。

然而，在《九章算术》的方法不是这样（略）。

一般地，盈不足问题的数学模型是：设每人出 a_1 钱，盈 b_1 钱；每人出 a_2 钱，不足 b_2 钱，求每人应出钱数、物价 y 和人数 x，则按上例的方法，得一般解题公式：

每人应出钱数：

$$\frac{a_1b_2+a_2b_1}{b_1+b_2} \tag{2-1}$$

物价：

$$y=\frac{a_1b_2+a_2b_1}{a_1-a_2}, \tag{2-2}$$

人数：

$$x=\frac{b_1+b_2}{a_1-a_2} \tag{2-3}$$

古代数学家就上述"一盈一不足"问题的解法公式（2-2）、（2-3），编成了开头的"解法歌"，流传民间。若两盈或两不足，只将公式（2-2）、公式（2-3）分子改为"－"号，分母 a_1-a_2 应为 $|a_1-a_2|$。

【探源】 程大位的"解法歌"诗题，出自《九章算术》盈不术章"共买物"题的古代解法。因此，程大位用诗概括出的盈不足术，是源于祖先，高于祖先的算法，颇有慧心慧眼，令后人叹为观止。

古人这种算法，今天看来，实在笨拙，若用字母公式（2-1）～（2-3）将数代入，一下算出，岂不美哉！但是，不要忘记用字母表示代数式

（即符号数学）是近二、三百年的事。从16世纪的韦达、笛卡儿等发明以后才兴起。这正好说明，数学演变和发展的过程，是从蒙昧走向光明，从粗浅走向智慧，因此，只有惊叹古数学家的心思灵巧，切不可取笑。

“盈不足术”的问题仍选入我国初中代数课本，当然已不用古法，而是采用方程来解，见下面诗题与说明。

2.10 隔墙分银

隔墙听得客分银，不知人数不知银。
七两分之多四两，九两分之少半斤①。

——梅瑴成《增删算法统宗》

【注释】 ①旧市制，1斤＝16两，半斤＝8两。

注：这首饶有趣味的诗题的意思不用翻译了，显然，它是一首“一盈一不足”问题。若改成盈不足问题模型，就是“隔墙听得客分银，不知人数不知银。每人分7两，盈4两；每人分9两，不足半斤，求银两数和人数。”

【解法一】 （“解法歌”公式法）

这里 $a_1=7$，$b_1=4$，$a_2=9$，$b_2=8$，代入式（2-2）、式（2-3），得

y（银）： $$\frac{a_1b_2+a_2b_1}{|a_1-a_2|}=\frac{7\times8+9\times4}{|7-9|}=\frac{92}{2}=46(\text{两})$$

x（人）： $$\frac{b_1+b_2}{|a_1-a_2|}=\frac{4+8}{2}=6(\text{人})$$

答：有6人，共分银46两。

【解法二】（综合法）即公式与题意联合来解：

人数： $(8+4)\div(9-7)=6$(人)(公式2-3)

分银： $7\times6+4=46$(两)(题意：每人分7两盈4两)

【解法三】 （现代方程解）设有 x 人，依题意，得

$$7x+4=9x-8$$

解得

$$x=6$$

从而 $$7\times6+4=46(\text{两})$$

【解法四】 （现代方程组）设有 x 人，y 两银，依题意得

$$\begin{cases}7x=y-4\\9x=y+8\end{cases}$$

解之，合答。

【探源】 古算家编的诗题（包括下面（一）～（七）题的原型，是根据《孙子算经》卷中最后一题）：

“今有人盗库绢，不知所失几何。但闻草中分绢，人得六匹，盈六匹；人得七匹，不足七匹。问人、绢各几何？答曰：贼一十三人，绢八十四匹。”（又根据《张丘建算经》卷上第20题：“今有客不知其数，两人共盘，少两盘；三人共盘，长三盘。问客及盘各几何？答曰：客三十人，十三盘”（解法同上）。

七道盈不足诗题

这类诗题，古算家爱不释手，编了许多源自古算题的诗歌，并在民间广为流传，成为青少年磨炼智慧或智力娱乐的趣题，下面列出七首：

（一）客房有几

我问开店李三公，众客都来到店中。

一房七客多七客，一房九客一房空。

——梅瑴成《增删算法统宗》

解法可仿上四种（以下几题同）。如设房 x 间，则根据题意，得

$$7x+7=9x-9$$

$$x=8$$

客人：$7\times8+7=63$（人）

解之，得答：房8间，客人63人。

（二）哑子买肉

哑子来买肉，难言钱数目。

一斤少四十[①]，九两[②]多十六。

试问能算者，合与多少肉。

——梅瑴成《增删算法统宗》

【注释】 ①指古钱币40文。②旧市制，1斤＝16两。

【解法一】 （综合法）

每两肉价： $(40+16)\div(16-9)=8$(文)

钱数： $16\times8-40=88$(文)

肉数： $88\div8=11$(两)

答：他有钱88文，共买肉11两，每两肉8文。

【解法二】 （代数法）设每两肉 x 文，依题意得

$$16x-40=9x+16$$

解得

每两肉价 $x=8$

钱数　$16x-40=16\times 8-40=88$（文）

买肉数　$88\div 8=11$（两）

答：他有钱 88 文，可买 11 两肉，每两肉 8 文。

（三）隔墙分绫

隔墙听得客分绫，不知绫数不知人。

每人六疋少六疋，每人四疋恰相停。

——梅毂成《增删算法统宗》

“恰相停”指恰好停止之意。用方程解，设有 x 人，依题意得

$$6x-6=4x$$

$$x=3$$

绫：$4x=4\times 3=12$（尺）

解之，得答：有 3 人，绫有 12 疋。

综合法解

人数：　$6\div(6-4)=3$(人)

绫数：　$6\times 3-6=12$(疋)

（四）牧童分杏

牧童分杏各争竞，不知人数不知杏。

三人五个多十枚，四人八枚两个剩。

——梅毂成《增删算法统宗》

用方程解之，设有牧童 x 人，依题意得

$$\frac{5x}{3}+10=\frac{8x}{4}+2$$

$$x=24$$

杏 $=\dfrac{5\times 24}{3}+10=50$（个）

解之，得答：牧童 24 人，杏 50 个。

（五）粮长奖工

今有粮长犒劳夫，不分老幼唱名呼。

每人七个少三个，五个却少四十五。

——梅毂成《增删算法统宗》

这里“犒”指用酒食或财物慰劳。“粮长”指粮老板。这里“个”指“文”。

【解法一】 （“两不足”问题，用综合法）

人数： $(45-3)\div(7-5)=21$（人）

钱数： $7\times21+3=150$（文）

【解法二】 （代数法）设有劳夫（运粮人）x 人，根据题意，得

$$7x+3=5x+45$$

解得 $x=21$，则劳夫 21 人，奖钱 150 文。

（六）牧童游戏

林下牧童闹如簇，不知人数不知竹。

每人六竿多十四，每人八竿恰齐足。

——梅瑴成《增删算法统宗》

【解法一】 （综合法）

牧童数： $14\div(8-6)=7$（人）

竹竿数： $6\times7+14=56$（根）

【解法二】 （代数法）设有牧童 x 人，依题意，得

$$6x+14=8x$$

$$x=7$$

竹竿数：$8\times7=56$（根）

解之，得答，牧童 7 人，竹竿 56 根。

（七）隔壁分银

耳听隔壁在分银，不知多少人和银。

人分半斤差半斤，（这里 1 斤＝10 两）。

人分四两余四两，问有多少人和银？

这里半斤＝8 两，仿上，设有 x 人，依题意，得 $8x-8=4x+4$，解得 $x=3$，故得 3 人分 16 两银。（综合法略）此为民间流传民歌。

以上我们介绍一组同类诗题，说明古代“盈不足”算法。虽然今日的数学已非昔日可比，但在现行教材中，仍保留古代这一杰出算法，使我们数典不忘祖，承传古代先进算法，古为今用。如“盈不足术”虽未用旧名，但已编入现代数学教材中，如人民教育出版社 1989 年前后编的初中《代数》第二册课本第 26 页例 3“用库存化肥给麦田追肥，如果每亩施 6 公斤，就缺少 200 公斤，如果每亩施 5 公斤，就剩余 300 公

斤。问有多少亩麦田？库存化肥有多少公斤？”

若将这道题改写“盈不足”题：“用库存化肥给麦田追肥，假设每亩施 5 公斤，盈 300 公斤；假设每亩施 6 公斤，不足 200 公斤。问有麦田、化肥各多少？”（解法多种，读者仿上自解）。

这种再现古代原型的题，现行九年制义务教育初中代数课本及课本习题中多处可见。至于数学课外读物中多得不胜枚举了。

从上可知，我国最早由《孙子算经》和杨辉首开编写创作数学诗歌、辞赋题起，直到古代 18 世纪最后一位数学家梅瑴成，以积思所得，编出了我国古代最后一本诗歌题《增删算法统宗》。

2.11 牧童偷瓜（西江月）

几个牧童闹耍，张家园内偷瓜。
将来林下共分拿，三人七枚便罢。
分讫剩余一个，中间伴歌兜搭①。
四人九个又分拿，又余两个厮打。

——程大位《算法统宗》

【注释】 ①兜，音同都，dōu，口袋。兜搭，是古时人们搭在肩上的口袋。我国现在的一些地方，还可以见到这种盛物的兜搭。

【译文】 有几个放牧的儿童在闲玩，嘴馋了就到张家园内偷瓜吃，拿到树林下去分配。若 3 个人分 7 个瓜，就要剩余 1 个；有一个儿童带有兜搭，便把偷来的瓜装进去。若 4 个人分 9 个瓜，又剩余 2 个。若分配不公平，牧童们会争打起来的。请问有牧童几人？偷瓜多少？

【解法一】 显然是“盈不足问题”中两盈题，叙述为：

“三人七枚”即每人分 7/3 个（a_1），剩盈 1 个（b_1），

“四人九个”即每人分 9/4 个（a_2），剩盈 2 个（b_2）。

用综合法来解：

代入“两盈术”公式，即将前公式（2-3）中的“＋”号改为“－”号，以及题意，得

牧童人数：$$(2-1)\div\left(\frac{7}{3}-\frac{9}{4}\right)=12(\text{人})$$

偷瓜个数：$$\frac{7}{3}\times12+1=29(\text{个})$$

【解法二】 设有牧童 x 人，根据题意，得

$$\frac{7x}{3}+1=\frac{9x}{4}+2$$

解得牧童 $x=12$，偷瓜 29 个。

【探源】 词题来源仍是《孙子算经》和《张丘建算经》，颇为风趣。

浪淘沙一词题

类似词题的还有一首“牧童分瓜”（浪淘沙）

昨日独看瓜，因事来家。
牧童盗去眼昏花，信步[①]庙东墙外过，听得争差：
十三俱分咱，十五增加；
每人十六少十八[②]。借问人、瓜各有，已会先答。

——程大位《算法统宗》

【注释】 ①“信步”，即随意走动；散步。②“十三俱分咱，十五增加，每人十六少十八‘指’每人分瓜 13 个，多 15 个瓜：每人分瓜 16 个，则少 18 个”。

这词题不用全译，只要弄清题中关键数量关系，即“盈不足”题模式，乌云散去，青山蓝天，便可窥见。“十三俱分咱，十五增加”即“每人分 13 个瓜多 15 个瓜”；“每人十六少十八”即“每人 16 少 18”。于是便可仿前面方法解之。

【解法一】 （综合法）

牧童人数： $(18+15)\div(16-13)=11$(人)

盗得分瓜： $13\times11+15=158$(个)

【解法二】 （代数法）设有 x 人，则根据题意，得

$$13x+15=16x-18$$

$$x=11$$

分瓜 $=13\times11+15=158$（个）

解之，得答，牧童 11 人，分瓜 158 个。

这些词题在程大位、梅瑴成书中都收录有，最早刘仕隆、吴敬等预修《永乐大典》时，业余时间根据《孙子算经》等古算书中的算题，编了许多古算诗词题，留传至今。

2.12 僧分馒头

一百馒头一百僧，大僧三个更无争。

小僧三人分一个，大小和尚得几丁①。

——梅瑴成《增删算法统宗》

【注释】 ①几丁，即多少人。

【译文】 现有100个和尚分100个馒头，恰好全部分完。如果大和尚一人分3个，小和尚三人分1个，请问大、小和尚各有多少人？

【解法一】 （方程组法）设大僧x人，小僧y人，根据题意，得

$$\begin{cases}x+y=100\\3x+\dfrac{y}{3}=100\end{cases}$$

$$x=25$$

$$y=75$$

解得大僧25人，分馒头75个；小僧75人，分得馒头25个。

注：将本题引申推广为“100个和尚吃100个馒头，如果1个大和尚吃n个馒头，n个小和尚吃1个馒头。请问大、小和尚各有多少人？”

n的可能答案是3，4，9，19，24，49，99。$n+1$必须是100的因子，故有7种可能答案。

【解法二】 （古算书解法）因为1个大和尚吃3个馒头，3个小和尚吃1个馒头，所以，1个大和尚和3个小和尚共吃4个馒头，把1个大和尚和3个小和尚看成一组，100个和尚共分为$100\div4=25$(组)。由于一组有1个大和尚、3个小和尚，因此25组有$25\times1=25$个大和尚，$25\times3=75$个小和尚。

注：此种解法精彩绝妙，令人拍案叫绝。

【解法三】 （假设法）假设100个和尚全是大和尚，那么就要有300个馒头才够分，而实际上只有100个馒头，相差$300-100=200$(个)，这是因为把小和尚也看成大和尚的缘故，每个小和尚多算了$3-\frac{1}{3}=2\frac{2}{3}$(个）馒头，因此，小和尚的人数是

$$200\div2\frac{2}{3}=75\text{（人）}$$

大和尚的人数是　$100-75=25$（人）

同理，如果假设 100 个和尚全是小和尚，也可求出大小和尚各几人。

【探源】 这诗题是从《张丘建算经》卷下“百钱买百鸡”一题，减少一个条件，降低难度改编而成的。“百钱买百鸡”题是：“今有鸡翁一，值钱五，鸡母一，值钱三，鸡雏三，值钱一。凡百钱，买鸡百只。问鸡翁、母、雏各几何?”此处为不定方程组，诗题不是，设鸡公数 x，鸡母数 y，鸡雏数 z，则据题意得不定方程组

$$\begin{cases} x+y+z=100 \\ 5x+3y+\frac{1}{3}z=100 \end{cases}$$

解之，可得三组解（见后 2.30 题）。

假 设 法

上面诗题解法出现“假设法”，在前面 2、3 题等也用到此法。这里作一简介。

世界上最早使用“假设法”的是古埃及僧人阿默斯（Ahmes，约公元前 1700 年)，中国叫“盈不足术”。9 世纪阿拉伯数学家阿尔·花剌子模也使用过，也称为“假设法”。到了 13 世纪阿拉伯数学家（摩洛哥人）伊本·阿尔·班纳（Ibn al Banna，1256～1321）于 1222 年称为“秤盘法”。这说明此法是深受各国数学家喜爱的一种解题方法。

为何取名“秤盘法”，阿拉伯数学家解释说：此法好比一杆秤，题目里的已知量可以看成是秤砣。任意选一个数放入秤盘里，如果这个数选对了，秤杆会是平平的，说明这个数就是题目的答案；如果没选对，秤杆就不平衡，应该把它的误差记下来；另外再选一个数放入秤盘里，如果又没选对，把它的误差也记下来；用第一次的误差乘以第二次放入秤盘的数，用第二次的误差乘以第一次放入秤盘的数，然后加起来。……如果两次的误差一大一小，用前面算出来的数除以误差的，得出的就是题目答案。

为了说明“假设法”，这里选阿尔·花剌子模在《代数学》中的一题及他的解法：“从某数里减去它的$\frac{1}{3}$，再减去它的$\frac{1}{4}$，余 8，求这个数”。他先假设这个数是 12，代入题中去运算：

$$12-12\times\frac{1}{3}-12\times\frac{1}{4}=5$$

与题设“余 8”不符，第一次相差 $8-5=3$。

又再假设这个数是24，代入题中去运算

$$24-24\times\frac{1}{3}-24\times\frac{1}{4}=10$$

与题设“余8”也不符，差10−8=2。

故这个数为

$$\frac{3\times24+2\times12}{3+2}=19\frac{1}{5}$$

答：这个数为$19\frac{1}{5}$。

此诗题解法也属“假设法”，不过没有上述方法那样清晰罢了。

2.13　巧算笔墨（西江月）

甲借乙墨七锭，还他三管毛锥[①]，
贴钱四百整八十，恰好齐同了毕。
丙却借乙九笔，还他三锭隃糜[②]，
一百八十贴乙齐，二色价该各几？

——梅瑴成《增删算法统宗》

【注释】　①毛锥，指上等的毛笔。②“隃”通“踰”，即逾。此句大意说还他三锭不好的墨。

【译文】　甲给乙家借了7锭墨，除还他3支上等的毛笔外，另补给他480文钱，刚好等价。丙给乙家借了9支毛笔，除还给他3锭不好的墨外，另补给他180文钱，恰好等价。试问笔、墨各价值几何？

【解法一】　设墨价x文，则由7锭墨等于3支上等的毛笔加上480文的条件可知，一支笔价为$\frac{7x-480}{3}$文。根据题意，得

$$3x+180=9\times\frac{7x-480}{3}$$

解之，得

墨价：　$x=90$

笔价：　$\frac{7x-480}{3}=\frac{7\times90-480}{3}=50$

答：墨价90文，笔价50文。

【解法二】　设墨价为x文，笔价y文，依题意得方程组

$$\begin{cases}7x=3y+480\\9y=3x+180\end{cases}$$

解之，得答，墨价 90 文，笔价 50 文。

中国古代数学

中国古代数学的发展，整体上晚于古埃及、古巴比伦和古希腊，但较快赶上了他们，在秦宋元时期与它们名列世界前茅。而此时西方（除意大利、古希腊外）的数学正处于一片荒芜之际，正值黑暗、落后时期。中国明朝以后，数学逐渐衰退、沉寂，落后于后起之秀的西方。于是，英国科技史家李约瑟提出著名的“李约瑟难题”：“中国传统数学为什么在明代以后，没有得到进一步发展?”1990 年《自然》杂志还提出此难题征解。日本原来学习中国，很快赶上来了；美国独立约 200 年，古代谈不上成就，但他们吸收世界上的优秀成果，追赶后，将落后变为先进。所以，我们不能用古代成就阻碍自己追赶当今先进国家，以古算成就停滞数学赶超世界是不正确的。

2.14　甲乙沽酒（西江月）

甲乙二人沽酒，不知谁少谁多。
乙钞少半[①]甲相和，二百无零堪可。
乙得甲钱中半[②]，亦然二百无那[③]。
英贤算得的无讹，将甚法儿方可？

——程大位《算法统宗》

【注释】　①少半，即指三分之一。②中半，即指二分之一。③“无那”即没有啦。此句说不多不少，也是 200 文之意。

【译文】　甲乙二人买酒，不知谁买多买少。只知乙买酒钱的1/3与甲买酒钱之和恰好为 200 文。若乙得到甲买酒钱之半，也有 200 文。试问甲、乙买酒各用了多少钱？才智出众的人算得无误，就称为好解法。

【解法】　设甲买酒钱 x 文，乙买酒钱 y 文，依题意可列出方程组

$$\begin{cases}x+\dfrac{1}{3}y=200\\\dfrac{x}{2}+y=200\end{cases}$$

解之，得答，甲买 160 文钱的酒，乙买 120 文钱的酒。

【探源】 这类与酒有关的诗词题较多，本章之首介绍了几首。在古算家朱世杰、吴敬等著作中出现过，是源于民间习俗、生活习惯创作编成诗词题。

2.15 官兵分布

一千官军①一千布，一官四疋无零数。
四军才分一疋布，请问官军多少数。

——梅瑴成《增删算法统宗》

【注释】 ①官，指军官。军，指士兵。

【译文】 今有 1000 名官兵分 1000 疋布，1 官分 4 疋，4 兵分 1 疋。请问官兵各几人?

【解法一】 （古算书解法）根据古算书解法，用今式说明其解法理由。

因为 1 官分 4 疋，4 兵分 1 疋，所以，1 个官和 4 个兵共分 $4+1=5$ 疋。把 1 官 4 兵看成一组，1000 官兵共分为 $1000\div5=200$（组），由于一组有 1 官、4 兵，因此，200 组里有

官： $200\times1=200$（人）

兵： $200\times4=800$（人）

【解法二】 设官 x 人，兵 y 人，则根据题意，得

$$\begin{cases}x+y=1000\\4x+\dfrac{y}{4}=1000\end{cases}$$

解之，得答，200 官分布 800 疋，800 兵分布 200 疋。此题反映古代官兵待遇，来源于社会实际。

2.16 鳖龟有几（鹧鸪天，又名思佳客）

三足团鱼①六眼龟②，共同山下一深池。
九十三足乱浮水，一百二眼将人窥。
或出没，往东西，倚栏观看不能知。
有人算得无差错，好酒重斟赠数杯。

——程大位《算法统宗》

【注释】 ①“团鱼”，即鳖（音同憋，biē），爬行动物，生活在水中，形状像龟，背甲上有软皮。团鱼有两只眼，指、趾间有蹼，内侧三

指、趾具爪，故曰三足。②龟，爬行动物的一种，身体长圆而扁，背部隆起，有坚硬的壳，头、尾巴和四肢都能缩入甲壳内去，似有6只“眼”。

【译文】 今有3足2眼的团鱼和4足6眼的乌龟若干，共同生活在山下清冽泉水的一个深池里，只见93只足杂乱地在水里划动，102只眼睛暗中看人，或者出没在东、西方向。靠着栏杆观看也不能知道有多少只。谁能算出又没有差错的话，将好酒多多斟几杯奖给他。

【解法一】 （古算书解法。采用“鸡兔同笼”法解，术文略，用今式表示）

团鱼： $\frac{6\times93-4\times102}{3\times6-2\times4}=\frac{558-408}{18-8}=\frac{150}{10}=15$(只)

龟： $\frac{93-15\times3}{4}=\frac{48}{4}=12$(只)

答：有团鱼15只，龟12只。

【解法二】 （方程组法）设有团鱼x只，龟y只，根据题意，得

$$\begin{cases}3x+4y=93\\2x+6y=102\end{cases}$$

解这个方程组，得

$$\begin{cases}x=15\\y=12\end{cases}$$

答：有团鱼15只，龟12只。

【探源】 汤汤（音商，shāng）历史，浩瀚五千载，巍巍华夏，纵横八万里，忆昔日秦宋文明，汉唐昌盛。中古算学，博大精深，耐人寻味的诗词题成为数学一道风景线。

上溯此道词题源头，按迹循踪，发现古算家所编此题，属托物比兴，与《孙子算经》卷下第27题题意相似：“今有兽六首四足，禽四首二足。上有七十六首，下有四十六足。问禽、兽各几何？答曰：八兽，七禽。术曰：倍足以减首，余，半之，即兽。以四乘禽，减足，半之，即禽”根据术文，用今式表示为

兽： $(2\times46-76)\div2=8$

禽： $(4\times4-2)\div2=7$

注：此题还可用方程组来解（或说明古法理由，另见下题）。

设兽x只，禽y只，由题意用今式表示：

$$\begin{cases}6x+4y=76\\4x+2y=46\end{cases}$$

解之，合答。

此外，《孙子算经》卷下第31题，又看到类似题："今有雉（即野鸡）、兔同笼，上有三十五头，下九十四足。问雉、兔各几何？答曰：雉二十三，兔一十二。"

令人兴奋地看到，程大位《算法统宗》上的本节诗题，在他之前的吴敬在《九章算法比类大全》（1450）中便捷足先登，比程大位早142年。吴是从古算书《孙子算经》题中编出最早"同笼问题"诗题，即

八臂一头号夜叉①，三头六臂是哪吒②。
两处争强来斗胜，不相胜负正交加。
三十六头齐出动，一百八手乱相抓。
旁边看者殷勤问，几个哪吒几夜叉。

——吴敬《九章算法比类大全》

【注释】 ①"夜叉"，佛教指恶鬼。后来用来比喻相貌丑陋、凶恶的人。②"哪吒"是神话里神的名字。此诗题解法与古算书《孙子算经》等题或诗题一样，如用今方程组来解，设夜叉 x 人，哪吒 y 人，由诗题题意，得

$$\begin{cases}8x+6y=108\\x+3y=36\end{cases}$$

解这个方程组，得

$$\begin{cases}x=6\\y=10\end{cases}$$

答：有6个夜叉，10个哪吒。

嗐！同类意思之名题，流传一千多年，令人爱不释手，编成有趣诗题，流传至今，数学真是好玩，只要你认真、不惧怕，"好玩的数学"就梦想成真了。

2.17 画地计算（西江月）

甲乙间说①牧放，二人暗里参详②。
甲云得乙九个羊，多你一倍之上。
乙说得甲九只，两家之数相当。

二边闲坐恼心肠，画地算了半晌③。

——程大位《算法统宗》

【注释】 ①“间说”两字，梅瑴成书上改为“隔沟”。②参详，即思考。③这句话指在地上列出算式计算了半天。

【译文】 甲乙牧人隔着山沟放羊，两人都在暗思对方有多少羊。甲对乙说：“我若得你 9 只羊，我的羊多你一倍”。乙说：“我若得你 9 只羊，我们两家的羊数就相等。”两人都在用心计算对方的羊数，在地上列算式计算了半天才知道对方羊数。

【解法】 设甲有羊 x 只，乙有羊 y 只，依题意得

$$\begin{cases} x+9=2(y-9) \\ y+9=x-9 \end{cases}$$

解方程组，得

$$\begin{cases} x=63 \\ y=45 \end{cases}$$

答：甲有羊 63 只，乙有羊 45 只。

【探源】 本词题是古算家根据古算《孙子算经》卷下第 28 题：“今有甲、乙二人，持钱各不知数。甲得乙中半（即$\frac{1}{2}$），可满四十八。乙得甲太半（即$\frac{2}{3}$），亦满四十八。问甲、乙二人元持钱各几何？答曰：甲持钱三十六，乙持钱二十四”。或《张丘建算经》卷下第 15 题：“今有甲、乙怀钱，各不知其数。甲得乙十钱，多乙余钱五倍。乙得甲十钱，适等。问甲、乙怀钱各几何？答曰：甲三十八钱，乙十八钱。”改编成词题。

《孙子算经》第 28 题原术文相当于用方程组解（见前 2.3 题），用现代式表示为：设甲 x 钱，乙 y 钱，得$\begin{cases} x+\frac{y}{2}=48, \\ y+\frac{2x}{3}=48, \end{cases}$解之合答；《张丘建算经》第 15 题，今用现代方程，如上所设得$\begin{cases} (x+10)-(y-10)=5(y-10), \\ x-10=y+10, \end{cases}$解之合答。

此外，我们看到这类古代趣味题，在中外民间广为流传。如《古希腊文选》（约 10 世纪）中有一题：“驴和骡驮着货物并排走在

路上，驴子不住地埋怨驮的货物太重，压得受不了。骡子对它说：‘你发什么牢骚啊！我驮得比你更重。倘若你的货给我一口袋，我驮的货比你驮的重一倍。而我若给你一口袋，咱俩才刚好一般多。’驴和骡各驮几口袋货物?”若设驴驮 x 袋，骡驮 y 袋。由题意得

$$\begin{cases} y+1=2(x-1) \\ y-1=x+1 \end{cases}$$

解得，驴驮 5 袋，骡驮 7 袋。

2.18　妙算羊数（西江月）

群羊一百四十，剪毛不惮[①]勤劳。
群中有母有羊羔，先剪二羊比较：
大羊剪毛斤二[②]，一十二两羔毛。
百五十斤是根苗[③]，子母各该多少?

——程大位《算法统宗》

【注释】　①“惮”音同淡，dàn，意为怕。②斤二，即 1 斤 2 两=18 两。③此句指总共剪毛 150 斤×16=2400 两。

【译文】　今有 140 只羊，剪毛不怕辛苦，群中母羊与羊羔都可以剪毛。首先剪两只羊的毛比较后知道：每只大羊可剪毛 18 两，每只羊羔可剪毛 12 两。现在总共剪得羊毛 150 斤。试问大羊与羊羔各有多少?

【解法一】　（古算书法）假设全为大羊，每只剪 18 两，140 只可剪 18×140=2520（两），总共剪毛 150×16=2400（两），则多剪出毛：

$$2520-2400=120\text{（两）}$$

故有羊羔数为

$$120\div(18-12)=20\text{(只)}$$

大羊数为　$$140-20=120\text{(只)}$$

答：大羊 120 只，羊羔 20 只。

注：古算书解法属“假设法”。在 2.12 已介绍。

【解法二】　（代数法）设大羊 x 只，羊羔 y 只，依题意，得方程组：

$$\begin{cases} x+y=140 \\ 18x+12y=150\times 16 \end{cases}$$

解之，得答，大羊 120 只，羊羔 20 只。

【探源】　本题源于社会实践，用于现实。

解应用题离不开方程。方程是自然界中已知和未知关系的数学表达式。解方程的方法就是打开未知大门的金钥匙，就像优美动人的传说那样：找到了方程的解法，就能打开自然界的宝库，从而造福人类。

2.19　鸡鸭若干

鸡鸭共一栏，鸡为鸭之半。
八鸭展翅飞，六鸡在生蛋。
再点鸡鸭数，鸭为鸡倍三。
请你算一算，鸡鸭原若干？

——我国民间歌谣

【译文】　今有一群鸡鸭被关在一个栏圈里，已知鸡为鸭的 1/2。主人在清点鸡鸭时，发现有 8 只鸭飞出栏跑出去玩了，又有 6 只鸡躲藏在地上生蛋。这时清点得鸭为鸡的 3 倍，请你算鸡鸭各有多少只？

【解法一】　（一元一次方程）设有鸡 x 只，则鸭有 $2x$ 只，根据题意，得

$$2x-8=3(x-6)$$

解之，得

鸡有：　$x=10$（只）

鸭有：　$10\times2=20$（只）

【解法二】　（方程组）设鸡有 x 只，鸭有 y 只，则根据题意，得

$$\begin{cases}x=\dfrac{1}{2}y\\y-8=3(x-6)\end{cases}$$

解之，合答。

【探源】　这不是"鸡兔同笼"问题。是民间根据生活实际编成的一种有实际情景、富有时代气息、贴近生活的有趣的应用题。

2.20　好酒次酒

肆[①]中听得语吟吟，薄酒名醨[②]厚酒醇[③]。
好酒一瓶醉三客，薄酒三瓶醉一人。
共同饮了一十九，三十三客醉醺醺。
试问高明能算士，几多醨酒几多醇。

——梅瑴成《增删算法统宗》

【注释】 ①“肆”，旧时铺子，此为茶坊酒店。②“醨”（音离，lí），指薄酒，即不太好的酒。③“醇”，指酒味厚、纯的好酒。

【译文】 听得酒店里声调抑扬的说话声，谈论着味淡的次酒和味浓的醇酒，一瓶好酒醉 3 人，3 瓶次酒醉 1 人。33 个顾客共饮了 19 瓶酒便都醉了。请问高明的数学家，他们饮了好酒、次酒各多少瓶？

【解法】 （方程组）设好酒、次酒分别为 x、y 瓶，依题意，得

$$\begin{cases} x+y=19 \\ 3x+\dfrac{y}{3}=33 \end{cases}$$

解之得答，共饮好酒 10 瓶，醉 30 人；饮次酒 9 瓶，醉 3 人。

注：也可用一元一次方程解（略）。

【探源】 古算家是根据朱世杰著《四元玉鉴》“或问歌象”卷中之六的第二首诗题改编的，原歌象为

务前听得语云云，新热醇醨共一盆。
醇酒一升醉三客，醨酒三升醉一人。
都来共饮十二蚪，座中醉倒五十人。
借问四方能算者，几多醨酒几多醇。

答曰：醇酒三升七合半，醉一十一人四分人之一，醨酒一硕一斗六升二合半，醉三十八人四分人之三。

这里，“务”指酒肆，“蚪”同斗。“石”为容量单位。1 石＝10 斗，1 斗＝10 升，1 升＝10 合。“硕”为重量单位。石通硕，1 钧＝30 斤，1 石＝4 钧＝120 斤。

古算家看到朱世杰诗题不很通俗，特作了改编，将“务”改为“肆”，将“升”改为“瓶”。将人数、酒数改动，其余不变。用方程组解与上类似，读者自己解。

2.21 二果问价

九百九十九文钱，甜果苦果买一千。
甜果九个十一文，苦果七个四文钱。
试问甜苦果几个？又问各该几个钱？

——梅瑴成《增删算法统宗》

【译文】 999 文钱买 1000 个甜果和苦果，甜果 9 个 11 文钱，苦果 7 个 4 文钱。试问甜苦果子各买多少个？各该多少钱？

【解法】 （方程组）设甜果 x 个，苦果 y 个，则依题意得方程组

$$\begin{cases} x+y=1000 \\ \frac{11}{9}x+\frac{4}{7}y=999 \end{cases}$$

解得答案：甜果 657 个，价 803 文；苦果 343 个，价 196 文。

【探源】 本诗题是根据朱世杰《四元玉鉴》卷中之六“或问歌象”第 5 首诗题改编的，朱世杰诗题为

九百九十九文钱，及时梨果买一千。
一十一文梨九个，七枚果子四文钱。

答曰：梨六百五十七个，价八百三文；果三百四十三枚，价一百九十六文。

显然，本节诗题改得通俗易懂，只将“梨”改为“甜果”，“果”改为“苦果”，其数据、答案、解法都未变。

2.22 均舟载盐

四千三百五十盐，大小船只要齐肩①。
五百盐装三大只，三百盐装四小船。
请问船只多少数？每只船装几引②盐？

——梅毂成《增删算法统宗》

【注释】 ①要齐肩，指大小船只数量相等。②引，本是旧长度单位，1 引=10 丈，15 引=1 里。但这儿却是质量单位了。1 引等于 200 斤。从已知“500 盐装 3 只大船”得到每只大船装 500/3≈166.7(引)，“300 盐装 4 只小船”得到每只小船装 300/4=75(引)。

【译文】 今有 4350 引盐，安排相等数量的大小船只运载，3 只大船装 500 引，4 只小船装 300 引。请问需要大小船只是多少？每只船装盐几引？

【解法一】 （方程解法）因大小船只数相等，设大小船各有 x 只，则依题意，得

$$\frac{500}{3}x+\frac{300}{4}x=4350$$

解之，得答，大船 18 只，共装盐 3000 引；小船 18 只，共装盐 1350 引。

【解法二】 （方程组）设大船 x 只，小船 y 只，则依题意，得方程组

$$\begin{cases} x=y \\ \frac{500}{3}x+\frac{300}{4}y=4350 \end{cases}$$

解之，答案同上。

【探源】 水路运输是一种少不了的运输力量，我国数学家也没有忘记用数学题反映这一事实。他们采用诗词题反映我国古代用木船装运货物的运输情况。这是源于生产、生活，用于现实的诗词题。

2.23 绢布几许

今有布绢①三十疋，共卖价钞五百七。
四疋绢价九十贯，三疋布价该五十。
欲问绢布各几何？价钞各该分端的。
若人算得无差讹，堪把芳名题郡邑②。

——梅毂成《增删算法统宗》

【注释】 ①绢，一种薄的丝织物。布，棉织物。②郡，古代行政区域。秦以前郡比县小，从秦开始郡比县大。邑，指县或城市。

【译文】 今有绢与布 30 疋，卖得 570 贯钱，4 疋绢价 90 贯，3 疋布价 50 贯，欲问绢和布各有多少，分开把价算，若人算得无差错，你的名字城镇到处扬。

【解法】 （方程组）设有绢 x 疋，布 y 疋，依题意可得方程组：

$$\begin{cases} x+y=30 \\ \frac{90}{4}x+\frac{50}{3}y=570 \end{cases}$$

解之，得答，绢 12 疋，价 270 贯；布 18 疋，价 300 贯。

【探源】 衣食住行是国计民生中重要的基本生活保障，各朝情况不尽相同。这道诗题，反映我国古代绢布交易的实际情况，诗题源于社会实际，高于生活，并体现了数学的作用。

2.24　船运税粮

今岁都要纳秋粮，雇船搬载去上仓。
五万七千六百石，河中漏湿一船粮。
每船附带一石去，船中剩得一石粮。
秋粮纳米已有数，不知原用几船装。

——梅瑴成《增删算法统宗》

【译文】　今年秋后农民去交纳公粮，大家雇船搬载去进仓。共纳税粮 57600 石，不幸在河中有一船粮被水弄湿了，其他的船帮忙增加多运一石，最后剩下一石粮由进水的船运。交纳秋粮的米的重量是已知的，但不知道原来用了多少只船装运这批公粮？

【解法】　设原有 x 只船，每只船装 x 石粮，根据题意，得

$$x^2=57600$$

开平方解之，得

$$x=240\ (-240\text{ 舍去})$$

答：原有 240 只船，每只船装 240 石粮。

【探源】　每年的农作物秋收以后，在江河上，有些农民用木船运粮去纳税。古算家看到这些交纳公粮的情形，便编出诗题。因此，诗题源于生活、生产实际。

求根公式简史

完全的一元二次方程 $ax^2+bx+c=0$（$a\neq0$）及其求根公式最早出现在公元前一千多年前的古巴比伦文献中，如他们在求形如 $x^2-bx+a=0$ 的根时，发现了求根公式，

$$x=\frac{b+\sqrt{b^2-4a}}{2}$$

但十分遗憾，当时世界是清一色地不承认负根，自然不知道有两个根，只取一个正根并且二次项系数为 1。

欧几里得（Euclid，公元前 330～前 275）著《几何原本》，该书并不全是几何问题，在第二卷（人称几何代数学）中第 5 题，将几何解法稍加改变为代数解法，相当于解二次方程 $x^2-ax+b^2=0$（a，b 为正数），便得公式

$$x=\frac{a\pm\sqrt{a^2-4b^2}}{2}$$

它和现代求根标准公式是一致的。

古希腊数学家海伦（Heron，约1世纪）曾别出心裁地得到一个求根公式，写成

$$x=\frac{\sqrt{4ac-b^2}-b}{2a}$$

显然是一个错误公式，因当时古希腊人不承认负数，更没有发现复数。海伦犯的错误，今人宽厚，不足为怪，“智者千虑，必有一失”。

我国公元3世纪数学家赵君卿（即赵爽）注《周髀算经》时，也发现并应用了形如 $x^2-bx+c=0$ 的一个求根公式

$$x=\frac{b-\sqrt{b^2-4c}}{2}$$

直到9世纪，阿拉伯数学家阿尔·花剌子模在《代数学》中第一次发现方程 $ax^2+bx+c=0$，($a\neq0$) 求根公式

$$x=\frac{-b\pm\sqrt{b^2-4ac}}{2a}$$

尽管他在遇到 $b^2-4ac<0$ 时说过方程无解的困惑。几个世纪后，人们发现了复数，又加上伟大科学家牛顿（I. Newton，1642～1727）建立了二次方程一系列理论，人们又称有复数根的二次方程求根公式为“牛顿求根公式”。

2.25　买椽几许

六贯①二百一十钱，倩人去买几株椽②。

每株脚钱三文足，无钱准与一株椽。

——朱世杰《四元玉鉴》卷中“或问歌彖”第七题

【注释】　①1贯＝1000文。此句指6210文。②倩，指请人代自己做事；椽（音船，chuán）指放在檩（音lǐn，意为托住椽的横木）上架着屋顶的木条，也就是房顶上托住瓦的木条。这句话说，请人代买几株椽。

【译文】　今有6210文钱，请人代买几株椽，已知每株椽的脚钱（运费）3文，减少一株椽后，剩下椽的脚钱与一株椽价相等，试问能

买多少椽？每株椽价是多少？

【解法】 设椽数为 x 株，则每株椽价为 $6210/x$，依题意，得

$$3(x-1)=\frac{6210}{x}$$

即

$$3x^2-3x-6210=0$$

解之，得

椽数：

$$x=46$$

每株椽价：

$$\frac{6210}{x}=\frac{6210}{46}=135$$

答：能买 46 株椽，每株椽价 135 文钱。

【探源】 古代修房建屋，离不开木料。朱世杰根据民间建房造屋需要木料做椽，他便编成一诗题，用二次方程来解，载入他研究方程解法的杰作《四元玉鉴》卷中之六“或问歌彖”第 7 题。

2.26 神奇妙算

三人同行七十稀，五树梅花廿一枝。

七子团圆正半月[①]，除百零五[②]便得知。

——程大位《算法统宗》

【注释】 ①半月，1 个月以 30 日计，半月为 15 日，此指 15。②除百零五，除即减，指减去 105。

【译文】 诗题字面意思是：3 个人一同走路，其中 70 岁以上的老人很稀少，5 棵梅花总有 21 枝，7 个孩子当每月 15 日时在家中团圆，把 105 的某个倍数减去，就得答案。

注：诗题的数学意义，是讲著名的《孙子算经》中“物不知数”一题的前半部分解法公式（术文），“物不知数”题原文是：“今有物，不知其数。三三数之，赌（剩）二；五五数之，賸三；七七数之，賸二。问物几何？答曰：二十三。”（译文：有一堆物品，不知道有多少，每次取 3 个，最后剩余 2 个；每次取 5 个，剩余 3 个；每次取 7 个，剩余 2 个。问这堆物品有多少？答曰，最小正整数 23。）

或者，用今天数学语言说，就是：“有个数，用 3 除余 2；用 5 除余 3；用 7 除余 2。问这个数是多少？”此题解法（术文见后“探源”）用数学语言说：用 3 除所得余数乘上 70，加上用 5 除所得余数乘上 21，

再加上用 7 除所得余数乘上 15，结果若比 105 多，则减去 105 的倍数，这样使得所求的最小数。故诗题解法列成算式就是

$$70\times2+21\times3+15\times2-2\times105=23$$

【解法一】 （程大位解法，用今数字表示）

程大位术曰："列 3，5，7 维乘。另以 3 乘 5 得 15，又以 7 乘之得 105 为满钱，列法。另以 3 乘 5 得 15，为 7 数剩一之衰。又以 3 乘得 21，为 5 数剩一之衰。又以 5 乘 7 得 35，倍作 70 为 3 数剩一之衰。其三数剩二者，剩一下 70，剩二下 140；五数剩三者，剩一下 21，剩二下 42，剩三下 63；七数剩二者，剩一下 15，剩二下 30，并之得 233，减去满数 105，又减 105，余 23 个合问。"

程大位解法与《孙子算经》解法一样，即

$$N=70\times2+21\times3+15\times2-105\times2=23$$

【解法二】 （用今不定方程解），设物的数目为 N，依题意，得

$$\begin{cases}N=3a+2 & (2\text{-}4)\\ N=5b+3 & (2\text{-}5)\\ N=7c+2 & (2\text{-}6)\end{cases}$$

先消去 N，得

$$\begin{cases}5b-3a=-1 & (2\text{-}7)\\ 5b-7c=-1 & (2\text{-}8)\end{cases}$$

再消去 b，得

$$7c-3a=0 \qquad (2\text{-}9)$$

用 a，c 系数中较小的 3 去除（2-9），得

$$a=\frac{7c}{3}=2c+\frac{c}{3}$$

因 a，c 为整数，令 $\frac{c}{3}=k_1$（k_1 为整数），故得

$$\begin{cases}a=7k_1 & (2\text{-}10)\\ c=3k_1 & (2\text{-}11)\end{cases}$$

代入式（2-7）得 $5b-21k_1=-1$，仿（2-9）求法，解得

$$\begin{cases}b=21k_2+4, & (2\text{-}12)\\ k_1=5k_2+1\ （k_2\ 为整数） & (2\text{-}13)\end{cases}$$

将式（2-12）、（2-13）代入式（2-5）、（2-10）、（2-11），得

$$N=105k_2+23\ (a=35k_2+7,\ c=15k_2+3)$$

此为“物不知数”题整数解的通式。

当 $k_2=0$ 时，$N=23$ 为最小正整数解。

【解法三】 （用集合解）若用交集来解，就是要求的数必须同时满足 3 个条件：

（1）以 3 除余 2；（2）以 5 除余 3；（3）以 7 除余 2。

现在分别以 A_1，A_2，A_3 表示满足这三个条件的正整数集合，则

$$A_1=\{2,\ 5,\ 8,\ 11,\ 14,\ 17,\ 20,\ 23,\ 26,\ \cdots,\ 128,\ \cdots\}$$

$$A_2=\{3,\ 8,\ 13,\ 18,\ 23,\ 28,\ \cdots,\ 128,\ \cdots\}$$

$$A_3=\{2,\ 9,\ 16,\ 23,\ 30,\ 37,\ \cdots 128,\ \cdots\}$$

所以 $$A_1\cap A_2\cap A_3=\{23,\ 128,\ 233,\ \cdots\}$$

交集中的每个数都是问题的解，但它的最小解是 23。

【解法四】 （最简捷解法）因为 3 除余 2，7 除也余 2，3 与 7 又互为素数，所以此数 21 除余 2，$21+2=23$ 是 21 除余 2 的最小数，刚好又是 5 除余 3 的数，所以 23 就是最小正整数了。

【解法五】 华罗庚在《从孙子的“神奇妙算”谈起》（1963）一书中，自称为“笨解法”，他写道：“其实这题很简单，可以在算盘上或草稿纸上很快得出答案。”3 除余 2 的数有 2，5，8，…其中，能满足 5 除余 3 的最小正整数是 8（就在 8 处停下来，8 后面的 11，14 就不必搞出来了）。进一步考虑，能同时满足“3 除余 2，5 除余 3”的数有 8，23（在 8 后面依次加 3×5），其中又能满足 7 除余 2 的最小数是 23（38，43 就不必搞出来了）。23 能同时满足 3 个条件，是最小正整数。

以上是按 3，5，7 的顺序进行的，其实用 7，5，3 或 7，3，5 的顺序更简便。

【解法六】 （同余式组法解）

$$N\equiv2(\mathrm{mod}\,3) \qquad (2\text{-}14)$$

$$N\equiv3(\mathrm{mod}\,5) \qquad (2\text{-}15)$$

$$N\equiv2(\mathrm{mod}\,7) \qquad (2\text{-}16)$$

由式（2-14）有

$$N=2+3p_1\text{（}p_1\text{ 为 3 除余 2 的数）} \tag{2-17}$$

将式（2-17）代入式（2-15），

$N=2+3p_1\equiv3(\mathrm{mod}5)\Rightarrow3p_1\equiv1(\mathrm{mod}5)\Rightarrow3p_1\equiv6(\mathrm{mod}5)\Rightarrow p_1\equiv2(\mathrm{mod}5)\Rightarrow1+p_1\equiv3(\mathrm{mod}5)\Rightarrow$由式（2-15），$N=1+p_1=5p_2+3\Rightarrow p_1=5p_2+2$（$p_2$ 为 5 除余 3 的数）

代入式（2-17）有：$N=2+3(2+5p_2)=8+15p_2$

代入式（2-16）有：$N=8+15p_2\equiv2(\mathrm{mod}7)\Rightarrow1+15p_2\equiv2(\mathrm{mod}7)\Rightarrow15p_2\equiv1(\mathrm{mod}17)\Rightarrow15p_2\equiv15(\mathrm{mod}7)\Rightarrow p_2\equiv1(\mathrm{mod}7)\Rightarrow2p_2\equiv2(\mathrm{mod}7)$

由式（2-16），$N=2p_2\equiv7p_3+2\Rightarrow p_2=3.5p_3+1$ 代入 $N=8+15p_2=8+15(3.5p_3+1)=23+\frac{105}{2}$（$p_3$ 为 7 除余 2 的数）

当 p_3 取偶数即得 $N=23+105p'_3$。23 为最小答数。

【解法七】 （国外解法）阿古尔（Argyros，1318～1372）在拜占庭《理论算术》中有一篇附录“算术问题”，其中第 5 题与《孙子算经》解法完全相同。他的解是：“如果你希望知道在 7 与 105 之间有人记在心里的那个数，你可以用下面的方法把它求出来，让那人先心算：从心想的数中能减去 3 的多少倍就减去 3 的多少倍，如果有余数的话，让他说出小于 3 的余数。当他说出余数时，叫他换成记着以 70 为单位的数，如余数是 1，叫他换记为 70；如余数是 2，记 70 的 2 倍或 140（2 个单位）；如余数是零，记着零。必须注意，减后的余数，尤其注意余数不是单位 1 的情形。然后，让他用同样的方法从心想的数中能减去 5 的多少倍就减去 5 的多少倍，并让他说出小于 5 的余数，对于每个单位 1 取 21，与第一次的得数相加。之后，让他用同样的方法减去 7，并让他说出小于 7 的余数，对于每个单位从 1 取 15。使所有这样的数相加，并由其和能减去 105 的多少倍就减去 105 的多少倍，剩余的数就是你心中所想的数。”

【探源】 这是一首叙述《孙子算经》中“物不知数”问题的解法（前半部分）诗歌题。为了全面介绍《孙子算经》卷下，第 26 题“物不知数问题”的两部分解法，将原术文与今译如下：

原文

术曰：三三数之，剩二，置一百四十；五五数之，剩三，置六十三；七七数之，剩二，置三十。并之，得二百三十三。以二百一十减之，即得。

凡三三数之，剩一，则置七十；五五数之，剩一，则置二十一；七七数之，剩一，则置十五。一百六以上，以一百五减之，即得

今译

解法：要满足 3 除余 2，记 140（用筹记）；要满足 5 除余 3，记 63；要满足 7 除余 2，记 30。相加得 140＋63＋30＝233。

233－210＝23，即为答数。

一般地，满足 3 除余 1，且 5 和 7 都能除尽的数是 70；满足 5 除余 1，且 3 和 7 都能除尽的数是 21；

满足 7 除余 1，且 3 和 5 都能除尽的数是 15。若和大于 106，则减去 105（＝3×5×7）。

《孙子算经》“物不知数”解法，简言之，术文第一部分给出的解法为（设 N 为所求的最小正数）特殊解法：

$$N=140+63+30-210=23$$

或
$$N=70\times2+21\times3+15\times2-105\times2=23$$

本文第二部分解法（即“凡”字后）相当于解同余式组，亦即一般解法：

$$N\equiv r_1(\mathrm{mod}3)\equiv r_2(\mathrm{mod}5)\equiv r_3(\mathrm{mod}7)$$

解法步骤是

$$N=70r_1+21r_2+15r_3-105p(p\text{ 为正整数})$$

显然，23 是最小正整数解，其余的解可表示为 $23+105n$（n 为正整数）。人们称之为“孙子定理”。

所以，为了让人记住上式中 70，21，15，105 四个关键数，程大位编了这诗最通俗的诗题，亦即“物不知数”解法诗歌。

其实，在程大位之前，南宋有“填词小说之才”的周密（1232～1329)，曾在其著作《志雅堂杂抄》（卷下）“阴阳算术”中，编了“物不知数”解法歌：

三岁孩儿七十稀，五留廿一①事尤奇，

七度上元②重相会，寒食清明③便可知。

这里①廿，音念，niàn。“廿一”即 21。②“上元”是阴历正月十五。

此指 15。③古称冬至节后 106 天是清明节，清明节前 1 天是寒食节。这句话暗指 105。

周密编写的这一诗题，因为他不是数学学者“实学非其所知”其诗题与数学家程大位编得欠通俗与难懂，但其数学意思不变，即指记住 3 与 70，5 与 21，7 与 15，105 几个关键数字。周密编的诗的字面的意思是：3 岁的孩子向 70 岁的老人发问，5 次提问之中共留下 21 个奇怪而难答的问题。七年以后的正月十五，孩子与老人又见面了，老人告诉孩子说，过去你留下的奇怪问题，到了寒食清明节（即 105 天）那天你就知道了。

“物不知数”问题，颇有猜谜的趣味，它的解法也很绝妙，广为民间流传。人们爱不释手，历代给它冠以许多美名。如“韩信点兵”“鬼谷算”“隔墙算”“剪管术”“神奇妙算”等。

中国剩余定理

这个问题广泛流传国外，如意大利数学家斐波那契在其著作《算盘》(1220) 中，引用了孙子的物不知数问题。

“孙子问题”18 世纪辗转到了欧洲，19 世纪初德国数学家高斯 (C. F. Gauss，1777～1855) 著《算术研究》(1801) 才给了一般性的定理，并命名为“高斯定理”。后经英国传教士伟烈亚力 (Wylie Alexander，1815～1887) 将“孙子问题”的解法和南宋数学家秦九韶发现的“大衍求一术”算法传入欧洲，1874 年德国科学史家马蒂生 (L. Matthiessen，1830～1906) 在他的著作中指出高斯的解法符合“孙子问题”和“大衍求一术”，并赞扬了这一方法的发现人——中国数学家是“最幸运的天才”，人们才知道中国很早便有了这个伟大的发现，西洋人才将“高斯定理”改称为“中国剩余定理”。

孙子的物不知数问题，在中国数学史上占有重要地位，其解法原则在近代数学史上一直是光焰夺目，占有显要位置，当代的电子计算机设计中也用到了这个伟大的定理。

以勤劳、智慧著称于世的我国古今许多杰出的数学家，他们为推动数学发展作出了彪炳千古的贡献。这些具有东方色彩的伟大成就，像一颗颗夜明珠，永久地挂在蓝蓝的天空，照亮着数学家前进的路。

2.27 红灯几盏（水仙子）

元宵十五闹纵横，来往观灯街上行。
我见灯，上下红光映，绕三遭，数不真。
从头儿[①]三数无零，五数时四瓯[②]不尽。
七数时六盏不停，端的[③]是几盏明灯。

——程大位《算法统宗》

【注释】 ①“头儿”，即顶端。②“瓯”，音同欧，ōu，即盏。③“端的”，指从头到尾有多少灯。

【译文】 正月十五日元宵节的晚上，到处热闹非凡，来到街上观灯的人流如潮。我看见了许多灯，从上到下红一片，围着它转 3 圈地数也没有数清。若从顶端往下数，3 盏 3 盏的数正好数尽；5 盏 5 盏的数剩 4 盏；7 盏 7 盏的数余 6 盏。请问从头到尾有几盏灯？

注：这是一首描写新春佳节，人们喜盈盈闹元宵的生动情景的诗词题，程大位借用观赏多如繁星的辉煌灯光，烘托出数学分支——数论里的这道“物不知数”类型的趣题。它与上节“孙子问题”相似，可套用解法歌或不定方程等方法来解。这词题数学意思是：“今有灯不知数，三三数之恰尽；五五数之剩四；七七数之剩六。”

【解法一】 （程大位原书解法）术曰“此孙子物不知总法也。先置三数无零不必下；五数剩四，每一下二十一（即 $3\times7=21$），四共该八十四（即 $21\times4=84$）；七数剩六，每一下十五（即 $3\times5=15$），六共该九十（即 $15\times6=90$），并之共得一百七十四，减去满法一百零五，余六十九盏。合问（即共有灯 $84+90-3\times5\times7=69$）。”

按术文列出解答算式（实质是套用上节解法歌公式）：

$$70\times0+21\times4+15\times6-105=69(\text{盏})$$

【解法二】 （不定方程）根据题意，三数无余，五数剩四，七数剩六，设灯总数为 N，得不定方程组：

$$\begin{cases} N=3a+0 & (2\text{-}18)\\ N=5b+4 & (2\text{-}19)\\ N=7c+6 & (2\text{-}20)\end{cases}$$

消去 N，得

$$\begin{cases}3a-5b=4 & (2\text{-}21)\\ 5b-7c=2 & (2\text{-}22)\end{cases}$$

消去 b，得

$$3a-7c=6$$

解 a，c 二元一次不定方程，用 a，c 中系数最小的除方程两边，得

$$a=\frac{7c}{3}+2 \qquad (2\text{-}23)$$

把 c 项系数 7/3 加以分离为整数部分和分数部分

$$a=2c+\frac{c}{3}+2$$

因 a 为正整数，则 $c/3$ 必为正整数，

令 $c/3=k_1$（k_1 为正整数），所以

$$c=3k_1$$

将 c 代入式（2-23），得　$a=7k_1+2$。　　(2-24)

又将 c 代入式（2-22），得　$5b-21k_1=2$。

仿前解 b，k_1 不定方程，得

$$\begin{cases}b=21k_2-8\ (k_2\text{ 为正整数})\\ k_1=5k_2-2\end{cases} \qquad (2\text{-}25)$$

将式（2-25）代入式（2-24），得 $a=35k_2-12$，

将 a 代入式（2-18），得 $N=105k_2-36$

当 $k_2=1$ 时，$N=69$ 为最小正整数。

答：共有 69 盏灯。

【探源】　古算家偏爱古代"物不知数"名题，在这里又以元宵佳节时灯的世界、光的海洋为题材写出类似的诗题。节日里耳边的鞭炮声，烟花腾空升起，街面上高高挂起大红的灯笼，再一次展现《孙子定理》变形解法的风采。这反映了时代的雕刀，可以雕绘一道道深刻艳丽的图案，烙下了时代之印。

程大位为了弘扬古代优秀不定方程，使原来遭受冷漠的眼光，重新燃起火苗。他平凡工作体现出高尚，辛苦中孕育着后人的欢乐。因此，当我们华夏儿女在读这首朗朗上口词题时，不要忘记数学家弘扬中华民

族数学文化的功勋。

古代民谣

最后，再选一首至今仍流传在民间的诗题、类似“孙子问题”的算题，供读者去亲自尝试。后面的答案，你先莫看。独立做后，自我反馈，你一定会成功的。

今有银元不知数，三三数之剩两个，
五五数之剩三个，七七数之剩四个，
请问高明能算士，银元最少几何数？

【解法一】 凡是用了 3，5，7 三个数去除，与余数无关，则可套用 2.29 节介绍的“孙子问题”算法公式，否则需另编（见本节）。此民谣符合算法公式，有

$$N=70\times 2+21\times 3+15\times 4-2\times 105=53$$

答：最少有 53 个银元。

【解法二】 （心算法）先从 3 除余 2 的数中去找 5 除余 3 的数，再从这个数中去找 7 除余 4 的数，就可以得到如下一系列的心算过程：

$$2+3=5,\ 5+3=8,\ 8+15=23,\ 23+15=38,\ 38+15=53$$

故最小数是 53。

【解法三】 （不定方程组）由题意得不定方程组

$$\begin{cases} N=3a+2 \\ N=5b+3 \\ N=7c+4 \end{cases}$$

解得最小银元数是 $N=53$。因 158，268 也是其解。

【解法四】 （用交集） 仿 2.26 节解法三，此略。

2.28 求一之术

十里长街闹盈盈，庆祝成就万象新。
佳节礼花破长空，天桥红灯胜繁星。
七七数时余两个，五个一数恰为零。
九数之时剩四盏，红灯几盏放光明。

——中国古代民歌

注：这是一首根据《孙子算经》“物不知数”题和古算家词题改编，在民间广为流传的诗题之一。其数学模型是：有个数，七七数之剩 2（即 7 除余 2），五五数之没有剩余（即 5 除恰除尽），九九数之剩 4（即 9 除余 4），问这个数是多少。

题意明白，不用翻译。对题意有“面熟”之感，于是不加思考，马上套用“物不知数”解法公式，结果出错。虽然题型类似，但条件不对。聪明的读者发现，它不是用 3，5，7 除的。于是不能套用《孙子定理》解法歌，应该寻找别的解法。

【解法一】（用不定方程组来解）设有 N 盏灯，则由题意得

$$\begin{cases} N=7a+2 & (2\text{-}26) \\ N=5b+0 & (2\text{-}27) \\ N=9c+4 & (2\text{-}28) \end{cases}$$

消去 N，得

$$\begin{cases} 7a-5b=-2 & (2\text{-}29) \\ 9c-5b=-4 & (2\text{-}30) \end{cases}$$

消去 b，得

$$7a-9c=2 \qquad (2\text{-}31)$$

用 a，c 系数中较小的 7 去除式（2-31），得

$$a=c+2\times\frac{c+1}{7}$$

因为 a，c 为正整数，故令

$$\frac{c+1}{7}=k_1 \ （k_1 \text{ 为正整数}）$$

即

$$\begin{cases} a=9k_1-1 & (2\text{-}32) \\ c=7k_1-1 & (2\text{-}33) \end{cases}$$

代入式（2-29），得

$$63k_1-5b=5$$

仿式（2-31）方法，解不定方程，得

$$\begin{cases} b=63k_2-1 & (2\text{-}34) \\ k_1=5k_2 \ （k_2 \text{ 为正整数}） & (2\text{-}35) \end{cases}$$

将 b 代入式（2-27），得 $N=315k_2-5$

当 $k_2=1$ 时，$N=310$。

答：红灯共 310 盏。

【解法二】 （秦九韶的“大衍求一术”）秦九韶创造了解这类问题的一般方法，被誉为“大衍求一术”，其方法是这样的（用现代符号表示）：

5 和 9 的公倍数且用 7 除余 1 的数是 225，所以 $225\times2=450$。

5 和 7 的公倍数且用 9 除余 1 的数是 280，所以 $280\times4=1120$。

5，7，9 的最小公倍数是 $5\times7\times9=315$，而 450 与 1120 之和 1570 中包含了 4 个 5，7，9 的最小公倍数，因此

$$(450+1120)-4\times315=310$$

答：红灯共 310 盏。

【探源】 民歌诗题来源在本节“注”中已说明。

秦九韶的大衍求一术

古代中外数学家解一次不定方程问题，没有一般的计算法则，每题都有其特殊解法，如《孙子算经》中“物不知数”题，对于用 3，5，7 除时，采用上面 2.26 节的“神奇妙算”解法歌。南宋数学家秦九韶看到了这个问题，于是，经过他的研究，创造了解不定方程的一般方法“大衍求一术”，这个方法载入他的杰著《数书九章》（1247）中。

秦九韶（1208～1268）

“大衍求一术”的理论依据，与现代一次同余理论颇相类似。什么是“大衍求一术”呢，简单说：“一个数的多少倍除以另一数，所得余数为 1”的方法，其方法步骤就是先把余数都化为 1，然后再用叠加的方法来解。此法在现代整数论中叫做一次同余式组解法。

欧洲直到 18 世纪才有瑞士欧拉（I. Euler，1707～1783）、法国拉格朗日（J. L. Lagrange，1736～1813）等进行研究，后来被誉为数学王子的德国数学家高斯于 1801 年出版《算术探究》一书中才发现类似

于“大衍求一术”的方法，史称“高斯定理”。但比秦九韶晚了550多年。

这里有一段有趣历史插曲。英国伟烈亚力于1852年在《华北先驱周报》上以《中国算术科学摘记》为题，介绍了秦九韶“大衍求一术”，开始为欧洲人所知。1856年比纳茨基（K. L. Biernatzki）译成德文，但由于译本的某些疏忽，致使这一方法的正确性受到大名鼎鼎的德国集合论创始人康托尔（G. Cantor，1845～1918）教授等一批学者的怀疑。后来的1874、1876年德国数学家马蒂生又先后详细向西方介绍、论证了“大衍求一术”实际上与高斯定理相一致，才使这一光辉篇章澄清事实，承认秦九韶领先550多年。

读者会问，秦九韶何其人也。

秦九韶，南宋人，生于四川安岳（1208～1268）。其父在南宋做官。秦九韶少时随父学习，18岁为义兵首，曾任县尉，蕲州（今湖北蕲春）通判，和州（今安徽和县）守，建康府（今江苏南京）通判。后因派系斗争的株连，约于1262年被贬到梅州（今广东梅县），不久便在那里逝世。

秦九韶在兵荒马乱、生活不能安定的做官时期，有机会接触劳动人民，把民间在测量、营建等方面的经验，收集整理成9类81个数学实际问题，写成18卷20万字名著《数书九章》。

秦九韶是一位博学多才，兴趣广泛的人才，当时对他持否定与诋毁态度的周密都称他“性极机巧，星象、音律、算术以至营建等事，无不精究”。至于骈俪诗词，“游戏、毬、马、弓、剑莫不能知”。他的《数书九章》内容丰富，立论新颖，构思风趣，无论其创造发明，还是就其改进发展前人数学遗产，都不失为我国数学宝库中的一块灿烂瑰宝，可与《九章算术》媲美，被今人誉为古算中最著名的经典《双九章》。他的业绩不仅属于中国而且属于全世界，至今美国、日本等国都在研究他。美国科学史家萨顿（G. Sarton，1884～1956）说，秦九韶是“他那个民族，他那个时代，甚至是所有时代中国最伟大的数学家之一。”

2.29 妙题妙解

今有一道数学题：“有一数，四四数之余二，七七数之余三，九九数之余四，问数几何。”用数学题型表达，则为“有一个数，4 除余 2，7 除余 3，9 除余 4，求此最小数。”

显然，这道题不是用 3，5，7 去除，便不能套用 2.26“神奇妙算”即“孙子算经”中物不知数解法歌去解。本题用 4，7，9 去除，它的解法，古算家编了下面这首妙题妙解“古代解法歌”。

四海翻腾一杯酒①，
七人献计三十六，
九天星辰廿②八宿，
减二五二便可求。

【注释】 ①一杯酒，是 189 的谐音。②“廿”读 niàn，指 20。

【译文】 4 除余 2，则用 189 乘以余数 2；7 除余 3，则用 36 乘以 3；9 除余 4，则用 28 乘以 4，以上所有的积的和减去 252 的 2 倍数，则得所求的最小正整数。

【解法一】 （用此古代解法歌）设所求的最小正整数为 N，最小公倍数 $4\times7\times9=252$

所以 $N=189\times2+36\times3+28\times4-252\times2=94$

答：这个最小正整数是 94。

【解法二】 （不定方程解）依题意有

$$\begin{cases} N=4a+2 & (2\text{-}36) \\ N=7b+3 & (2\text{-}37) \\ N=9c+4 & (2\text{-}38) \end{cases}$$

消去 N，得

$$\begin{cases} 4a-7b=1 & (2\text{-}39) \\ 7b-9c=1 & (2\text{-}40) \end{cases}$$

消去 b，得

$$4a-9c=2$$
$$a=2c+\frac{c+2}{4} \qquad (2\text{-}41)$$

因 a，c 为整数，故令 $\frac{c+2}{4}=k_1$（k_1 为整数），得

$$\begin{cases} a=9k_1-4 & (2\text{-}42) \\ c=4k_1-2 & (2\text{-}43) \end{cases}$$

将 c 代入式（2-40），得 $7b-36k_1=-17$。 (2-44)

仿式（2-41）解 b，k 不定方程，得

$$\begin{cases} b=\dfrac{36k_1-17}{7} & (2\text{-}45) \\ k_1=7k_2+3\ (k_2\ \text{为整数}) & (2\text{-}46) \end{cases}$$

将式（2-46）代入式（2-42），得 $a=63k_2+23$。

又将 $a=63k_2+23$ 代入（2-36）式得

$$N=252k_2+94$$

当 $k_2=0$ 时，$N=94$ 为最小正整数。

【探源】 这首“古代解法歌”源于《孙子算经》题型。但它说明，不同的题（如用 3，5，7 除或用 7，5，9 除或用 4，7，9 除），要用不同解法。到了南宋，秦九韶创造了“大衍求一术”（今称一次同余式组）以后，才找到了一般解法。

数学难题，犹如一座神秘莫测的冰峰，能否攀上她的顶峰，全靠自己坚韧不拔的追求、勤奋、毅力。只要扬起智慧的风帆，便可到达理想的彼岸，人类的智慧是无穷无尽的，她可以洗涤心灵中的蒙昧和无知，唤醒心灵，追求文明，发现令人振奋的真理，给社会和智慧增添了光辉。“不定方程”的上述解法，虽然已从现行中学数学课本中消失了，但我们学了前面几例之后，你会独立完成吗？不妨试试。

2.30 千钱百鸡

今有千文买百鸡，五十雄①价不差池。
草鸡②每个三十足，小者③十文三个知。

——梅瑴成《增删算法统宗》

【注释】 ①“雄”，指公鸡。②“草鸡”，即母鸡。③“小者”，即小鸡，又曰雏鸡。

【译文】 现用 1000 文钱去买 100 只鸡，公鸡每只 50 文，母鸡每只 30 文，小鸡 3 只 10 文。问公鸡、母鸡、小鸡各买多少只？

【解法】 （现代解法）设公鸡、母鸡、小鸡各为 x，y，z 只，根据题意，得

$$\begin{cases} x+y+z=100 & (2\text{-}47) \\ 50x+30y+\frac{10}{3}z=1000 & (2\text{-}48) \end{cases}$$

由式（2-48）得

$$15x+9y+z=300 \qquad (2\text{-}49)$$

式（2-49）－（2-47）消去 z，化简得

$$7x+4y=100 \qquad (2\text{-}50)$$

用 x，y 系数中较小的 4 去除（2-50），得

$$y=25-\frac{7x}{4}=25-x-\frac{3x}{4} \qquad (2\text{-}51)$$

因 x，y 为正整数，令 $\frac{3x}{4}=k_1$（k_1 为正整数），则

$$3x=4k_1$$

又解不定方程 $3x=4k_1$，得

$$x=\frac{4k_1}{3}=k_1+\frac{k_1}{3} \qquad (2\text{-}52)$$

设 $\frac{k_1}{3}=k_2$，所以 $k_1=3k_2$（k_2 为正整数）。

将 k_1 代入式（2-52）、（2-51）、（2-47）得

$$\begin{cases} x=4k_2>0 \\ y=25-7k_2>0 \\ z=100-x-y=75+3k_2>0 \end{cases}$$

解得

$$0<k_2<\frac{25}{7}$$

只能取 k_2 为 1，2，3 得 x，y，z 三组正整数解：

$$\begin{cases} x_1=4 \\ y_1=18 \\ z_1=17 \end{cases} \quad \begin{cases} x_2=8 \\ y_2=11 \\ z_2=81 \end{cases} \quad \begin{cases} x_3=12 \\ y_3=4 \\ z_3=84 \end{cases}$$

答：雄鸡 8 只 400 文，草鸡 11 只 330 文，小鸡 81 只 270 文；或雄鸡 4 只 200 文，草鸡 18 只 540 文，小鸡 78 只 260 文或雄鸡 12 只 600 文，草鸡 4 只 120 文，小鸡 84 只 280 文。

注：令人遗憾，程大位原书上只给出上面前一组解，漏掉后两组解

了。而在他1100年前的张丘建给出了完整的3组解。故本题答案程大位不如古人也。

【探源】 诗题是根据类似《张丘建算经》卷下第38题："百钱买百鸡"题："今有鸡翁一直（值）钱五，鸡母一直钱三，鸡雏三直钱一。凡百钱买鸡百只。问鸡翁、鸡母、鸡雏各几何?"改编而成。

原书给出了三组正确答案：若设 x，y，z 为公、母、小鸡，则

$$\begin{cases}x_1=4\\y_1=18\\z_1=78\end{cases}\quad\begin{cases}x_2=8\\y_2=11\\z_2=81\end{cases}\quad\begin{cases}x_3=12\\y_3=4\\z_3=84\end{cases}$$

原著术曰："鸡翁每增四，鸡母每增七，鸡雏每益三，即得。""益"即增加之意。

因此，原著没有说明是怎样求得的。作如下猜测推理：依题意，得

$$\begin{cases}x+y+z=100 & (2\text{-}53)\\5x+3y+\dfrac{1}{3}z=100 & (2\text{-}54)\end{cases}$$

设 $x=0$，原方程组变为

$$\begin{cases}y+z=100\\3y+\dfrac{1}{3}z=100\end{cases}$$

解之，得 $y=25$，$z=75$

另一方面，由方程组（2-53）、(2-54）消去 z，得 $7x+4y=100$，所以

$$y=\frac{1}{4}(100-7x)=25-2x+\frac{x}{4} \qquad (2\text{-}55)$$

因为 x，y，z 都是正整数，因此，x 必须是4的倍数，又设 $x=4t$，代入式（2-55）得 $y=25-7t$，将 x，y 代入式（2-53）得 $z=75+3t$，

由 $\begin{cases}x=4t,\\y=25-7t,\\z=75+3t\end{cases}$ 可知，t 只能取1，2，3，便得原书有且仅有三组答案。

这就是驰名于世的"百鸡术"或"百钱买百鸡"。张丘建的妙题妙解是我国数学史上光辉的一页。

后来，在我国数学家甄鸾注《数术记遗》（公元6世纪）和宋代数

学家杨辉《续古摘奇算法》(1275) 中都有类似题目。直到19世纪才把13世纪数学家秦九韶首创的大衍求一术（即一次同余式理论）结合来研究，并且对多于三元的“百鸡问题”进行研究，于是，我国对不定方程解法有了新的突破，在世界数坛上大放异彩。

我国“百鸡问题”几乎成了不定方程的代名词，它是我国古代数学史上杰出的成就之一，在我国流传久远。据传，清代嘉庆皇帝曾仿照“百钱买百鸡”题编了一道“百钱买百牛”题给他的大臣们做：“有银百两，买牛百头，大牛一头十两，小牛一头五两，牛犊一头半两。问大、小、牛犊各买多少头?”他本人和大臣中没有一人解出。

我国“百鸡问题”在世界上影响很大，如在古印度数学家马哈维拉（Mahavira，850年左右）和婆什迦罗（Bhāskara，1114～1185?）的著作中也都出现过“百鸡问题”，其数据与《张丘建算经》题完全相同。

中亚细亚即阿拉伯（今伊朗一带）数学家阿尔-卡西（Al-kāshī，?～1429）的《算术之钥》(1427) 中，有如出一辙的“百鸡问题”（略）。

完全相同的问题在古埃及代数学家阿布-卡米尔（Abū-kāmil，9世纪）的著作中出现而且不止一个。

“百鸡问题”对英国、阿拉伯人也有影响。

在欧洲，13世纪时意大利数学家里昂纳多-比萨诺（Leonarao Pisāno）在1203年的著作中也有“百鸡问题”，不过被改为“三十钱买三十只禽类”。我们或许可以推测，“百鸡问题”是从中国经过漫长而曲折的路线辗转传入西方，它无疑推动了世界数学的发展。

令人惊奇的是，马克思（Marx，1818～1883）在他的《数学手稿》[①] 中举了一个著名的题目：

有30个人，其中有男人、女人和小孩，在一家小饭馆花了50先令。每个男人花3先令，每个女人花2先令，每个小孩花1先令。问男人、女人和小孩各多少人?

解：(马克思解法改为现代较简解法)

设 x，y，z 分别表示男人、女人和小孩的人数，则依题意有

---

① 关于马克思是否写《数学手稿》，笔者在2005年5月西安“第一届全国数学史与数学教育”学术会上，首次听到两位先生针锋相对的肯定与否定的即兴发言，各说有材料证明自己的论点。看来，国际上出现了两种观点。谁对谁错，期待最后争论的结论。

$$\begin{cases} x+y+z=30 & (2\text{-}56) \\ 3x+2y+z=50 & (2\text{-}57) \end{cases}$$

式（2-57）－（2-56）得 $2x+y=20$，即 $y=2(10-x)$，仿前面方法知道，本题有 9 组解，其解用简化式（x，y，z）表示：(9,2,19),(8,4,18),(7,6,17),(6,8,16),(5,10,15),(4,12,14),(3,14,13),(2,16,12),(1,18,11)。

陈景润（1933～1996）《初等数论》上也有类似题。

不定方程

“不定方程”，指未知数的个数多于方程个数的方程（组），在前面“物不知数”以及本节“百鸡问题”都涉及了。其简史如下：

《九章算术》“方程章”第 13 题“五家共井”是不定方程问题，它表明我国早在公元前 1 世纪就有人研究不定方程了。古希腊数学家丢番图曾大力研究过不定方程，后来的古印度数学家，如阿利耶波多和婆罗摩笈多也有研究，就更晚了。

所以，中国是发现不定方程的鼻祖。这是中国数学史上又一伟大成就。

忆古思今，我们应该娴熟地驾驭中国古代数学这匹放荡不羁的巨马，奔驰在现代中国数学的辽阔领域，得心应手地摘取世界那一朵朵奇葩，使 21 世纪的中国成为世界数学大国。

2.31 羊寄宿费

牧童驱羊宿野村，百羊四户竞相争；
一羊一元酬宿主，四家所得不平均。
加减乘除均用四，挨家算得谢金平；
牧羊村童真明算，算得几羊各一群。

——中国民间歌谣

【译文】 有一牧童赶着 100 只羊去投宿，4 家店争相迎接。若 1 只羊的寄宿费为 1 元，则 4 家旅店所得的寄宿费是不相等的。若每家留宿羊的只数按次序分别加上、减去、乘以、除以 4，则每家所得寄宿费就相等了。牧羊村童经过巧妙计算，便算出了每家宿羊群数。

【解法】 设 4 户人家各寄宿羊 x，y，z，w 只，根据题意可得如下方程组：

$$\begin{cases} x+y+z+w=100 & (2\text{-}58) \\ x+4=y-4=4z=\dfrac{w}{4} & (2\text{-}59) \end{cases}$$

由式（2-59）得 $y=x+8$，$z=\dfrac{x+4}{4}$，$w=4(x+4)$。

将 y，z，w 代入式（2-58），得

$$x+x+8+\frac{x+4}{4}+4(x+4)=100$$

整理，化简得

$$x=12$$

从而　$y=20$，$z=4$，$w=64$。

答：4 户人家各寄宿羊 12、20、4、64 只。

【探源】 以牧童为题材编写的数学题，在古算家的古算书里较多。这说明牧童们是很聪明的儿童，但因无钱上学，只好在放牧中发挥自己的聪明才智。这诗题正说明，黑夜能掩盖花朵的颜色，却不能掩盖它的芬芳。也表明加减乘除谋算千秋功业，点线面体描绘村野景色。

2.32 按孝分绵

九百九十六斤绵，赠分八子做盘缠①。
次第每人多十七，要将第八数来言。
务要分明依次第，孝和休惹外人传②。

——梅瑴成《增删算法统宗》

【注释】 ①盘缠，指旅途上的费用。②这句话的意思是，使孝顺子女的美德外传。

【译文】 996 斤棉花，分别赠送给 8 个子女做路费，从第一个开始，以后每人依次多 17 斤，直到第八个孩子为止。分配时一定要等级分明，使孝顺子女的美德外传，试求每个人应分得多少斤？

【解法】 这是一道公差 $d=17$ 的等差数列问题，先求首项 a_1（第一个子女分得棉数），再求 a_2，a_3，…，a_8。已知前几项总和 $S_8=996$，

$d=17$，$n=8$。根据等差数列前 n 项和公式与通项公式，有

$$S_n=\frac{n\ (a_1+a_n)}{2}=na_1+\frac{n(n-1)}{2}d,\ a_n=a_1+(n-1)d$$

代入已知数于 S_8 求得 $a_1=65$，再代入公式 a_n 得答，第 1 到第 8 个子女依次分 65 斤、82 斤、…、184 斤棉花。

【探源】 这诗题反映我国古代人民尽孝、尽忠的美德。“孝”是东方文化的遗产，但孝的面较窄，一般指家中父母或长辈；“忠”是指对祖国、对众人，比较广泛。我们的子女，对父母之孝，诗题反映对孝顺子女的奖赏（孝者多分）。故诗题源于生活，高于生活。

2.33 九儿年龄

一个公公九个儿，若问生年总不知。

自长排来争三岁，其年二百七① 岁期。

借问长儿多少岁，各儿岁数要详推。

——梅榖成《增删算法统宗》

【注释】 ①“二百七”即 207，此句说九个儿年龄之和为 207 岁。

【译文】 一个公公九个儿，若问他们的生年是不知道的，但从老大开始排列，后面儿比前面儿的年龄相差（小）3 岁，九个儿共 207 岁。问老大多少岁？并详细推算出其他各儿年龄。

【解法】 这显然又是一道已知公差 $d=3$，项数 $n=9$，前 9 项和 $S_9=207$ 的等差数列问题，根据现今等差数列前 n 项和公式：

$$S_n=na_1+\frac{n(n-1)}{2}d$$

将已知代入

$$207=9a_1+\frac{9(9-1)}{2}\times 3$$

解之，得小儿：$a_1=11$ 岁。

以下由现今等差数列通项公式 $a_n=a_1+(n-1)d$ 可推算各儿年龄：

$$a_2=a_1+(2-1)d=11+3=14(\text{岁})$$

$$a_3=a_1+(3-1)d=11+2\times 3=17(\text{岁})$$

……

$$a_9=a_1+\ (9-1)d=11+8\times 3=35(\text{岁})$$

答：大儿 35 岁，二儿 32 岁，三儿 29 岁，四儿 26 岁，五儿 23 岁，

六儿20岁，七儿17岁，八儿14岁，小儿11岁。

【探源】 古算家可能是为了反映当时中国古代多子多孙（实质上是多生多死的贫穷生育规律）的社会人口现象将《孙子算经》卷下第36题即上面2.33节“举取他绢”改为各儿年龄，名称变了，但数学思想方法没有变，数学反映当时社会实际的情况也未变。

中国管理数学

中国古代是封建制度国家，实行君王统治制度。知识分子帮助君王统治臣民、管理国家，在这样的政治经济、科学文化环境下，中国古代数学多半是以“管理数学”的形式出现，目的是丈量田亩、建筑施工、兴修水利、分配劳力、计算税收、运输粮食等国家管理的实用目标，理性探讨退居其次。因此，中国古算特点是算法化，源于实际，用于现实。数学诗词题自然也源于实际，用于现实。本书各诗词题的内容也证实了这一点。

2.34 五官分金

公侯伯子男①，五四三二一②。
假有金五秤③，依率要分讫。

——梅毂成《增删算法统宗》

【注释】 ①此句为古代五个官阶级别的名称。②此句为，分金的比率按五等官阶级别次序之比为5∶4∶3∶2∶1。③古算书上说1秤=15斤，5秤=75斤。

【译文】 今有公、侯、伯、子、男五等官员，欲按官位高低进行分75斤金，依比率为5∶4∶3∶2∶1分完，试问每人各分金多少？

注：本题解法很多，此举三种。

【解法一】 （古算书解法）因五官分金之比为5∶4∶3∶2∶1，所以共有$5+4+3+2+1=15$(份)，则

公分金：$\frac{5}{15}\times75=25$(斤)，侯分金：$\frac{4}{15}\times75=20$(斤)，

伯分金：$\frac{3}{15}\times75=15$(斤)，子分金：$\frac{2}{15}\times75=10$(斤)，

男分金：$\frac{1}{15}\times75=5$(斤)。

【解法二】 （代数方程）设 1 份为 x 斤，则五官分金数依次为 $5x$，$4x$，$3x$，$2x$，x，依题意得

$$5x+4x+3x+2x+x=75$$

解之，得

$$x=5$$

答：依官阶等级为序分金 25 斤、20 斤、15 斤、10 斤、5 斤。

【解法三】 （等差数列来解）设五官分金的 1 份为 x 斤，则其分金数组成一个等差数列：

$$5x，4x，3x，2x，x$$

这里 $n=5$，$a_1=5x$，$a_5=x$，公差 $d=-x$。

依等差数列求和公式 $S_n=\frac{n(a_1+a_n)}{2}$ 或 $S_n=na_1+\frac{n(n-1)}{2}d$，将已知代入公式，解得 $x=5$。合答。

$$75=\frac{5(5x+x)}{2} \text{或} 75=5\times5x+\frac{5(5-1)}{2}(-x)$$

【探源】 这道诗题首先源自《九章算术》衰分章第一题“五官分鹿”。原题是“今有大夫、不更、簪袅（音同暂鸟，zān niǎo）、上造、公士，凡五人，共猎得五鹿。欲以爵次分之，问各得几何。”解法同上。

注：秦制官阶级别，据《汉书·百官公卿表》载：“爵一级曰公士、二上造、三簪袅、四不更、五大夫……二十彻侯。皆秦制”。

其次，类似题目，在后来的《孙子算经》卷中也出现。

2.35 浮屠①增级

远望巍巍塔七层，红光点点倍加增。

共灯三百八十一，请问尖头几盏灯？

——吴敬《九章算法比类大全》

【注释】 ①“浮屠”或“浮图”，古指佛塔。

【译文】 远远望见有一座 7 层高的雄伟壮丽的古塔，每层塔点着的红灯数，下层比上层成倍地增加，一共有 381 盏，请问塔尖几盏灯？

【解法一】 （算术法之一）如果把塔底灯的盏数看成是单位“1”，那么第二层起各层灯的盏数依次为 1/2，1/4，1/8，1/16，1/32，1/64。由已知塔灯总盏数 381，其对应分率就是

$$1+\frac{1}{2}+\frac{1}{4}+\frac{1}{8}+\frac{1}{16}+\frac{1}{32}+\frac{1}{64}=\frac{127}{64}$$

故塔底有灯： $381\div\frac{127}{64}=192$(盏)

塔尖有灯： $192\times\frac{1}{64}=3$(盏)

答：尖头有3盏灯。

【解法二】 （算术法之二）既然塔上共有灯381盏，而381为奇数，且各层的灯盏数是成倍增加的，那么除塔尖外，其余各层灯的盏数必是偶数。既然塔尖的灯数一定是奇数，则可能是1，3，5，7，…，简单计算一下，可知当顶层灯的盏数是3时，塔灯总盏数正好是381。当顶层灯的盏数为1或其他大于3的奇数时，塔灯总数小于或大于381，和题意不符，所以塔尖有3盏灯。

【解法三】 （算术法之三）假设灯塔尖有1盏灯时，那么自上而下各层的灯数依次为1，2^1，2^2，2^3，2^4，2^5，2^6，这样塔灯总数有$1+2^1+2^2+2^3+2^4+2^5+2^6=127$（盏），比实际少$381-127=254$（盏），而$254\div127=2$，这说明塔尖再添上两盏灯，以下各层成倍增加，灯盏总数正好与实际相等。故塔尖有灯$1+2=3$(盏)。

【解法四】 （方程法解）设顶层有灯x盏，依题意得

$$x+2x+4x+8x+16x+32x+64x=381$$

解之，合答。

【解法五】 （数列解法）显然，这是一个等比数列问题，已知塔的层数$n=7$，灯总和$S_7=381$，下层比上一层增加一倍，则公比$q=2$。设塔顶有a_1盏，根据等比数列求和公式

$$S_n=\frac{a_1(1-q^n)}{1-q}\ (q\neq1)$$

代入已知，求得$a_1=3$(盏)，合答。

【探源】 古人根据数学源于实践，用于现实的传统，将古算书上“垛积”（堆积坛、管等）问题思想，编出上述诗题。诗题编得韵味十足，字简意明，富有文采。诗中隐含着高深的数学思想方法。古人创作的这一珍品，没有逃过博览群书，善采众长的后来人的慧眼，读后拍案叫绝，视为翡翠、明珠，一字不改地将诗题收录在古算书里，传承这一精品佳作。

这诗题，曾选入我国 50 年代《高中代数课本》第二册（1957 年版）。一方面弘扬我国数学杰出成就，激发人们热爱数学；另一方面是为了永远纪念中算家。

吴　敬

吴敬，字信民，号主一翁，明朝人，生平不详。杭州府仁和（今浙江杭州市）人。他花了 10 年的时间整理、研究，于 1450 年写出《九章算法比类大全》10 卷，共 1329 题（又说 1448 题）。

《九章算法比类大全》简称《大全》，基本上是按照《九章算术》名称、顺序，卷 10 专论开方。因他十分推崇《九章》。每卷分古问、比类、诗词三类算题。每卷首列少量“古问”，取自结合当时实际的传统算书题；然后是大量结合当时生产、生活实际的应用题，称为“比类”；每卷末是趣味古典诗词算题，共 331 题。程大位《算法统宗》中的许多诗词题都选自此处。

吴敬

众所周知，我国传统数学经过宋元时代的高度发展以后，从明朝开始衰弱。传统算经典籍研究者寡而亡佚。另一方面，明代商业经济的发展，《大全》一书为其杰出代表著作。

吴敬是当时杭州一带著名的数学家，许多人包括官吏“皆礼遇而信托之”，请他解决各种数学问题。这些问题成为他研究数学的重要内容。《大全》中商业的算题很多，这与当时商业数学普及是紧紧联系在一起的。由于他有意识提倡古典数学，对当时数学研究产生一定的影响，反映出数学在商业中的作用。诗歌体算题极富教育功能。

无独有偶，《大全》成书 28 年后的 1478 年，意大利的特雷维沙（Trevis）出版了第一本西方商业数学，两书许多算法、名称不谋而合，非常相似。当然，不能说两者有因袭关系，而是各自独立写成的。“这说明中西资本主义萌芽时期商业活动在数学中的反映是一致的。”

关于对等比数列进行比较系统的研究是从古希腊数学家开始的，如欧几里得《几何原本》卷九，得出了求等比数列前 n 项和的正确公式。

$$S_n=\frac{a_1(q^n-1)}{q-1},\quad q\neq 1$$

后来，阿基米德也研究了无穷级数问题，特别是研究了无穷等比数列求各项和。他的研究只差一步就发现了其公式，但他又把脚缩了回来。1559 年，法国代数学鼻祖韦达在《各种各样的解答》书中，解决了相当于现代的无穷等比数列求和公式

$$S_n=\frac{a_1\ (1-q^n)}{1-q},\quad |q|<1$$

从此发现了有穷或无穷等比数列求和问题。

我国最早数学专著《算数书》和《九章算术》开创了研究数列的先河。如《九章算术》全书共有 10 道数列问题（等差数列 6 题，等比数列 4 题）。因此，我国古算家的诗词题也反映了这一历史。

2.36 诸葛统兵

诸葛统领八员将，每将又分八个营。
每营里面排八阵，每阵先锋有八人。
每人旗头俱八个，每个旗头八队成。
每队更该八个甲，每个甲头八个兵。

——梅毂成《增删算法统宗》

【解法】 诗题意思明白，不必译文。古书注“营、阵不作数”。若把将官、先锋、旗头、队长、甲头、士兵等数排列出来，则得一数列：8，8^4，8^5，8^6，8^7，8^8。显然后面是一个以 8 为公比，$a_1=8^4$ 的等比数列。

根据等比数列前 n 项和公式

$$S_n=\frac{a_1(q^n-1)}{q-1}$$

这里 q 为公比，S_n 为前 n 项和，a_1 为第一项，则

$$S_5=8^4+8^5+8^6+8^7+8^8=\frac{8^4(8^5-1)}{8-1}=19173376(\text{人})$$

再加上孔明 1 人和将官 8 人，故有

$1+8+19173376=19173385$（人）

答：共有 19173385 人。

【探源】 许多古算家的幼年就矢志献身数学，勤于读书，善于访

师，撷取古算精华，珠联璧合，把“连乘问题”巧妙编成顺口歌诀，跃然纸上，流芳千古。试问所列的这道“连乘问题”的诗题，其原型出自何处？原来，《孙子算经》卷下 34 题类似：“今有出门，望见九堤。堤有九木，木有九枝，枝有九巢，巢有九禽，禽有九雏，雏有九毛，毛有九色。问各几何?”（解法等见下面 2.37 节。）

1450 年，这道诗题最早出现在吴敬《九章算法比类大全》书中。

显然，中国古算是一个充满生气的瑰丽多姿的大千世界，是华夏民族思维开出的灿烂花朵，是思维高原上一座宏伟殿堂。因此，它永远向每一个人敞开大门。西方商人、学者入出中算大门之后，中算知识成为他们书中的精品，把他们的作品装饰得金碧辉煌。

注：此诗题古人若不规定“营、阵不作数”，便是一道求等比数列前 8 项之和的题目。

2.37 出门望堤

今有出门，望见九堤①。
堤有九木，木有九枝。
枝有九巢，巢有九禽。
禽有九雏②，雏有九毛。
毛有九色，问各几何?

——《孙子算经》卷下第 34 题

【注释】 ①堤，指土或石等材料筑成挡水高岸。②雏，指出生不久的小动物。这里指雏鸟。

【译文】 出门望见河（池）上有 9 堤，每堤上有 9 棵树，每棵树上有 9 枝，每枝上有 9 个鸟巢，每巢有 9 只鸟，每只鸟有 9 只雏鸟，每只雏鸟有 9 片毛，每片毛有 9 种颜色，问堤、木、枝、巢、禽、雏、毛、色各有多少?

【解法】 显然是一个以公比 $q=9$，$a_1=9$ 的等比数列问题，要求出各数（a_n），由 $a_n=a_1q^{n-1}$可得堤：$a_1=9$，木：$a_2=a_1q^{2-1}=9\times9^1=81$，枝：$a_3=a_1q^{3-1}=9\times9^2=729$，巢：$a_4=a_1q^{4-1}=9\times9^3=6561$，禽：$a_5=a_1q^{5-1}=9\times9^4=59049$，雏：$a_6=a_1q^{6-1}=9\times9^5=531441$，毛：$a_7=a_1q^{7-1}=9\times9^6=4782969$，色：$a_8=a_1q^{8-1}=9\times9^7=43046721$。

答：堤有 9，木有 81，枝有 729，巢有 6561，禽有 59049，雏有 531441，毛有 4782969，色有 43046721。

【探源】 妙趣横生的这首四言诗题，直接从《孙子算经》卷下第 34 题而来，术文与等比数列求法一样。

2.38 本利几何

比如有钱一文，每日生利八文，
问八日该生利，併本一文共若干？
——梅瑴成《增删算法统宗》

【译文】 借钱 1 文，第一日生利 8 文，第二日成几何级数的利滚利为 $8\times8=8^2$ 文，第三日 $8\times8\times8=8^3$ 文……第八日为 8^8 文。问第八日后，连本带利一共是多少？

【解法】 显然，此题是一个等比数列（又称几何级数），已知公比 $q=8$，$a_1=1$，$n=9$，求 $a_q=a_1q^{q-1}$，即八日后应付利息

$$a_9=a_1\times q^8=1\times8^8=16777216\text{（文）}$$

再加本 1 文，则借 1 文钱，八日后本利还债共 16777217 文。合答。

【探源】 古代高利贷题，源自《九章算术》、《孙子算经》、《张丘建算经》等。像上面这种利息成几何级数增加是极少的、空前绝后的，实属特大惊人的历史。

2.39 竹筒盛米

家有九节竹一茎，为因盛米不均平。
下头三节三升九，上梢四节贮三升。
惟* 有中间二节竹，要将米数次第盛。
若是先生能算法，也教算得到天明。
——梅瑴成《增删算法统宗》

【译文】 有一家人用一根 9 节长的竹筒盛米，每节竹筒盛米的容积是不均匀的，下端 3 节可盛米 3.9 升，上端 4 节可盛米 3 升，唯有中间相邻的两节竹子，要依次按盛米容积相差之同一数量。若是先生懂得算法的话，恐怕要算到天明方可算出。

* “惟”字是引书上的，现用“唯”。

【解法】　依题意知，若设从下到上每节盛米容量为 a_1，a_2，a_3，a_4，a_5，a_6，a_7，a_8，a_9，则它是一个递减等差数列。用现代等差性质解。由题设可知：

$$a_1+a_2+a_3=3.9\text{（升）}$$

$$a_6+a_7+a_8+a_9=3\text{（升）}$$

因此，下 3 节每节容积的算术平均数为

$$\frac{a_1+a_2+a_3}{3}=\frac{3.9}{3}\text{（升）}$$

由等差数列性质可知，$a_2=\frac{3.9}{3}$升。

因为
$$a_1=a_1$$
$$a_2=a_1+d$$
$$a_3=a_1+2d$$

所以
$$a_1+a_2+a_3=3a_1+3d$$

所以
$$\frac{a_1+a_2+a_3}{3}=a_1+d=a_2$$

上 4 节每节容积的算术平均数为

$$\frac{a_6+a_7+a_8+a_9}{4}=\frac{3}{4}\text{（升）}$$

显然，下端和上端系数之差为

$$\frac{3.9}{3}-\frac{3}{4}=\frac{6.6}{12}\text{（升）}$$

这是被除数；而 $9-\left(\frac{3}{2}+\frac{4}{2}\right)=\frac{11}{2}$（节），这是除数，则公差数

$$d=\frac{6.6}{12}\div\frac{11}{2}=\frac{1}{10}$$

已知 $a_2=\frac{3.9}{3}=1\frac{3}{10}$，利用 $a_{n+1}=a_n-d$ 便可依次求出从下到上各节盛米之容积为

$1\frac{4}{10}$升，$1\frac{3}{10}$升，$1\frac{2}{10}$升，$1\frac{1}{10}$升，1 升，$\frac{9}{10}$升，$\frac{8}{10}$升，$\frac{7}{10}$升，$\frac{6}{10}$升。

答：从下到上节可盛米 1 升 4 合，1 升 3 合，1 升 2 合，1 升 1 合，1 升，9 合，8 合，7 合，6 合。

【探源】 该诗题源自《九章算术》第六章均输第 19 题：“今有竹九节，下三节容四升，上四节容三升。问中间二节欲均容各多少”。（译文：今有 9 节长的竹子，下三节总容量为 4 升，上 4 节总容量为 3 升。想使中间两节都有容积，若自下而上地均匀递减，问各节竹的容积是多少。）解法类似诗题。

从上可知，《九章算术》一题的古算方法，令我们又一次不禁惊叹数学的美妙以及古人的思维灵巧。《九章算术》早在 1939 年，被日本数学史家小仓金之助（1885～1962）博士誉为“中国的欧几里得”，它在整个世界数学发展史上具有崇高地位，因为它不仅是一本习题集，而是以最早的中国算法为中心，源于实践，用于现实的古老数学杰作，有理论、有逻辑推理。可是，曾有外国数学家说它“从未用过推理，而仅仅是列出某些规则来：‘如此做，做这个’”。这显然是错误的认识。国内外数学史家研究表明，它是我国古算理论形式、推理较完整的数学著作。

等差等比数列简史

我国最早的古算书《九章算术》（公元前 1 世纪）中，有 6 道等差数列问题（衰分章第 1、6 题；均输章第 17、18、19 题和盈不足章第 19 题），这些题创造了下列三个不同的等差数列通项与前 n 项和公式：

$$a_n=a_1+(n-1)d$$

$$S_n=\frac{(a_1+a_n)n}{2}$$

$$S_n=a_1n+\frac{(n-1)n}{2}d$$

这在我国数学发展史上是一个大创造。

古印度数学家婆罗摩笈多直到公元 7 世纪才得出求等差数列通项与求和计算公式。

关于等比数列求和公式，最早出现在古希腊欧几里得《几何原本》卷七命题 12 和卷九命题 35 中。

我国最早提出等比数列求和公式的是《九章算术》，书中有四道等比数列问题（衰分章第 2、4 题，盈不足章第 11、12 题），这些题给出了等比数列前项和的公式。后来，明朝王子朱载堉（1536～1612），他在《律学新说》（1584）中发现音乐上的十二平均律是以 $\sqrt[12]{2}$ 为公比的等比数列，也提出等比数列求和公式。

2.40 依等算钞

甲乙丙丁戊己庚，七人钱本不均平。
甲乙念三七钱①银，念六一钱②戊己庚。
惟有丙丁银无数，要依等第数分明。
请问先生能算者，细推详算莫差争。

——梅瑴成《增删算法统宗》

【注释】 ①念，指数字 20，念三七钱，即 23 两 7 钱，即 237 钱。②同①，念六一钱，即 26 两 1 钱，即 261 钱。

【译文】 甲乙丙丁戊己庚七人合伙经商，七人的本钱不相等。甲乙二人共有银 237 钱，戊己庚三人共有银 261 钱。唯有丙丁不知钱数。要依据所出本钱多少的次序进行分配。请问聪明能干的先生，细心详细地推算出他们每人应分多少红利。

【解法一】 （古算书解法）因戊己庚共有银 261 钱，故己应分红利钱 261÷3=87（钱），戊庚共有 87×2=174（钱）。

甲乙与戊庚之差为 237－174=63（钱），

甲比己多 5 个公差，乙比己多 4 个公差，

甲乙共比己多 5+4=9 个公差。

所以公差数为 63÷9=7（钱）。

因此（答）庚分红利：87－7=80(钱)。己分红利：87 钱，

戊分红利：87+7=94(钱)，丁分红利：94+7=101(钱)，

丙分红利：101+7=108(钱)，乙分红利：108+7=115(钱)，

甲分红利：115+7=122(钱)。

【解法二】 （现代解法）因甲，乙，丙，丁，戊，己，庚分钱数组成一个等差数列，分别设为 a_7，a_6，a_5，a_4，a_3，a_2，a_1。依题意可知

$$a_1+a_2+a_3=261\text{（钱）}$$

则戊己庚有本钱的算术平均数为$\frac{a_1+a_2+a_3}{3}=\frac{261}{3}$钱。

理由是：因为 $a_2=a_1+d$，$a_3=a_1+2d$

所以 $a_1+a_2+a_3=3a_1+3d$，即$\frac{a_1+a_2+a_3}{3}=a_1+d$

而
$$a_2=a_1+d=\frac{a_1+a_2+a_3}{3}=\frac{261}{3}$$

所以 $$a_2=\frac{261}{3}=87(\text{钱})$$

这就是说，己应分红利为$\frac{261}{3}=87$(钱)。

又因为甲乙共有本钱 237 钱，则其本钱的算术平均数为$\frac{a_7+a_6}{2}=\frac{237}{2}$(钱)

显然，戊己庚和甲乙本钱的算术平均数（系数）之差为

$$\frac{237}{2}-\frac{261}{3}=\frac{63}{2}(\text{钱})$$

而 $$7-\left(\frac{2}{2}+\frac{3}{2}\right)=\frac{9}{2}\ (\text{人})$$

则公差为 $$d=\frac{63}{2}\div\frac{9}{2}=7(\text{钱})$$

已知己 $a_2=87$ 钱，则利用等差数列通项公式 $a_n=a_1+(n-1)d$，可依次求出分得的红利，合答。

【探源】 此诗题源自《九章算术》均输章第 19 题，即类似“今有竹九节，下三节容四升，上四节容三升。问中间二节欲均容各多少。”

2.41 蚂蚁爬竹

南山一棵竹，竹尾风割断。
剩下三十节，一节一个圈。
头节高五寸，头圈一尺三。
逐节长三分，逐圈小分三①。
一蚁往上爬，遇圈则绕圈。
爬到竹子顶，行程是多远？
再问竹多高，请你仔细算。

——中国古代民间歌谣

【注释】 ①分三，即 1 分 3 厘（0.013 尺）。

【译文】 南山上有棵竹子被风割断，剩下 30 节，竹子从地面往上越来越细，1 节 1 个圈。第一节长 5 寸（即 0.5 尺），头圈 1.3 尺。竹节间的长度后节比前节长 3 分（即 0.03 尺），而竹节圈长都是后圈比前圈小 1 分 3 厘（即 0.013 尺）。有一蚂蚁成直线似地从竹地面往上爬，它遇圈就绕圈转一圈，然后又继续往上爬。爬呀爬呀爬上了竹顶。请问它

爬过的路程是多少？竹子有多高？

【解法】 （用现代方法解）因每竹节间的长相差 0.03 尺，若设从地面往上，每节竹长为 a_1，a_2，a_3，…，a_{30}，则每节竹长是以 0.03 尺为公差的等差数列，即

$$a_1=0.5, a_2=0.5+(2-1)\times 0.03$$

$$a_3=0.5+(3-1)\times 0.03$$

……

$$a_{30}=0.5+(30-1)\times 0.03=1.37$$

那么，所有竹节长之和（高）为

$$S_{30}=a_1+a_2+\cdots+a_{30}$$

根据等差数列前 n 项和的公式，将已知代入公式，得

$$S_{30}=\frac{0.5+1.37}{2}\times 30=1.87\times 15=28.05\text{（尺）}\approx 2.8\text{（丈）}$$

竹节圈长，后一圈比前一圈细 1 分 3 厘 = 0.013 尺，设从地面往上，每节竹圈周长为 C_1，C_2，…，C_{30}，则其圈之间周长是以 −0.013 尺为公差的等差数列，就是

$$C_1=1.3, C_2=1.3+(2-1)\times(-0.013)$$

$$C_3=1.3+(3-1)(-0.013)$$

……

$$C_{30}=1.3+(30-1)(-0.013)=0.923$$

而所有竹节圈长之和为

$$S_{30}=C_1+C_2+\cdots+C_{30}$$

根据等差数列前 n 项和公式，得

$$S_{30}=\frac{1.3+0.923}{2}\times 30=33.345\text{(尺)}$$

因此，蚂蚁爬行的路程为

$$S=\text{竹长}+\text{各圈和}=28.05+33.345=61.395\approx 61.4\text{(尺)}=6.14\text{（丈）}$$

答：竹高约 2.8 丈，蚂蚁行程约 6.14 丈。

【探源】 这是饶有趣味的歌谣，利用蚂蚁爬竹，编出这样动人的诗题。显然此题源自生活实际。

非常规题

本书的所有诗题的解法，都是传统方法，现介绍一种新型解法。

我国数学的题型，大多是常规题（即问题一定有解），当然，解应用题时也常出现某些根不是方程的根，有时是方程的根，但不符合应用题的题意而舍去，很少出现整个问题无解的情况。

大千世界，问题错综复杂，有些问题有答案，有的问题不一定有解，有的问题的答案未必唯一，题设条件可以冗余，像具有这类特点之一的数学问题，为了区别于常规题，称为“非常规题”或“开放性问题”。

在现代，我国课本习题和考题，多注重形式演绎，讲究解题技巧难度，在科学视野的开阔方面显得不足。并且，中国的非常规题（与现行课本题而言）比较少，国外则很流行、很普遍。这里列举两个非常规题，供参考。

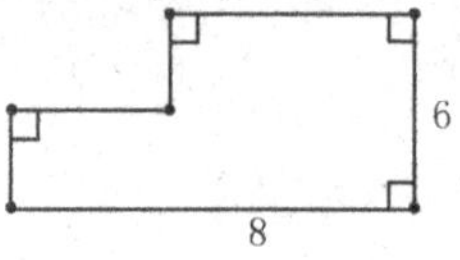

图 2-1

例 1　求图 2-1 中所示多边形的周长。

学生都会计算常规矩形的周长，但转化为等价于非常规图 2-1 的图形，便有了不适应之感。事实上，多边形周长$=(8+6)\times 2=28$。

再引申到多个直角弯角多边形周长，例如，要在楼梯上铺地毯，需要测出楼梯的长度，这只要量出楼梯的高和宽即可。如图 2-2 所示，这三阶楼梯表面的地毯长 $1.30+1.00=2.30$(米)。

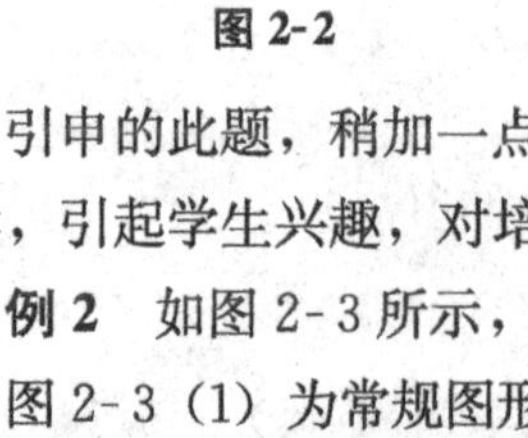

图 2-2

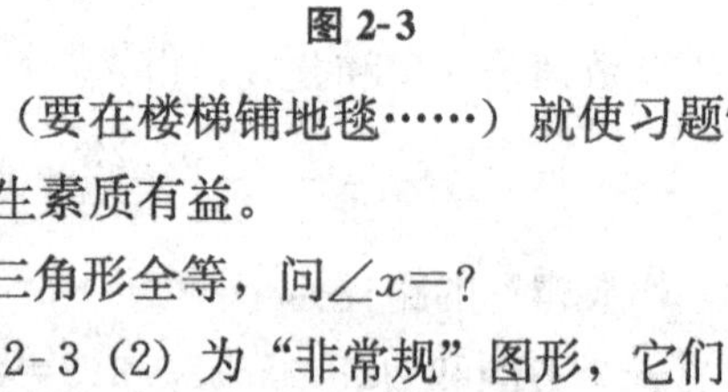

图 2-3

引申的此题，稍加一点情景（要在楼梯铺地毯……）就使习题情趣盎然，引起学生兴趣，对培养学生素质有益。

例 2　如图 2-3 所示，两个三角形全等，问$\angle x=$?

图 2-3（1）为常规图形，图 2-3（2）为“非常规”图形，它们的全等与教材常规图形有异，只有思维灵活，才能很快得到答案$\angle x=52°$。

上面例 2 选自国际教育成就评价测试中的数学试卷。该题在日本 13 岁学生中测试时，学生得分率较低，只有 48.9%。同龄的读者自测一下，怎么样?

03 几何部分

3.1 争荡秋千（西江月）

平地秋千未起，板绳离地一尺。
送行二步恰竿齐，五尺板高离地。
才子佳人争蹴，终朝语笑欢嬉。
良工高士请言知，借问索长有几？

——程大位《算法统宗》

【注释】 ①古时 1 丈=10 尺，1 尺=10 寸。②这里 1 步=5 尺。唐代以后度量衡。

【译文】 当秋千静止时，秋千上的板绳离地有 1 尺高，如将秋千的板绳往前推动两步（10 尺）时，恰好与竿一样高，已知离地板高是 5 尺。美丽的才子佳人们，每天都来争荡秋千，欢声笑语终日不断。请能工巧匠计算，试问这秋千的绳索长是多少吗？

【解法】 假设秋千的绳索长始终保持直线状态，如图 3-1，设 OA 是秋千绳静止的位置，A 是板，CD 是地面，点 B 是送行后板绳的位置，$\overset{\frown}{AB}$是板移动的轨迹，已知 $AC=1$ 尺，$CD=BE=10$ 尺，离地的板高 $BD=5$ 尺，要求绳 OA 的长。

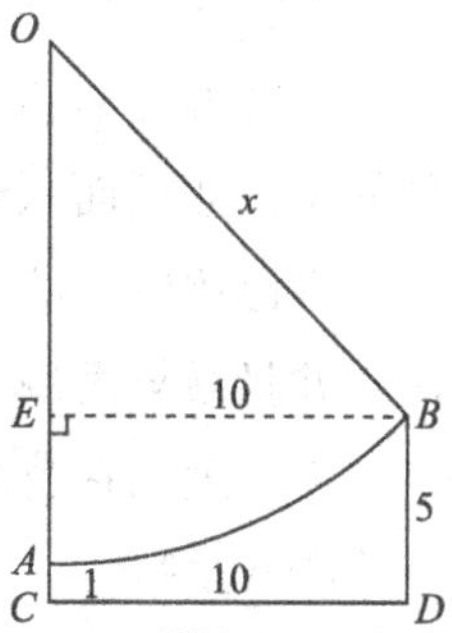

图 3-1

设绳索长 $OA=OB=x$，过点 B 作 $BE\perp OA$ 交 OC 于点 E，显然 $AE=5-1=4$，$OE=x-4$。在 Rt$\triangle OEB$ 中，由勾股定理，有

$$OB^2=OE^2+BE^2$$

即

$$x^2=(x-4)^2+10^2$$

解得

绳索长：$x=14.5$

杆长：$CO=CA+AO=1+14.5=15.5$（尺）

答：秋千绳索长1丈4尺5寸，杆长1丈5尺5寸。

【探源】 这道诗题是根据元代朱世杰《四元玉鉴》卷中之六“或问歌彖”第6道诗题改编成通俗诗题，诗题及解见3.2节。

显然，古算家所改编词题的语言朴素自然、诗意盎然、耐人寻味。意境奔放豪迈，形象生动，点染出一幅古代少男少女们荡秋千欢乐嬉戏的生活画面，给人新颖别致的感觉。通过词意的窗口，看到了古代浓郁的乡土气息和时代的风貌，引人遐想、联想，韵味无穷。她们的喜悦和快乐勾起青少年们的美好回忆，把您带到了童年。

几何简史与译名

说起几何学，喜欢者对它丰满的内容魂牵梦绕。

几何学起源很早，据记载，约公元前320年，古希腊科学史家欧德莫斯（Eudemus，约公元前4世纪）最早的著作《算术史》、《几何学史》等中说：几何学由古埃及人开创，产生于土地测量，由于尼罗河泛滥冲毁地界，所以重新测量，划分土地的需要促进了几何学的产生。据说，更早时候，古希腊历史学家希罗多德（Herodotus，前484～前424）也有此说法。因此，“几何”一词来自古希腊文“土地”和“测绘”二字合成词，直接源于农业生产需要。

古代中国、古埃及、古巴比伦（今伊拉克境内）、古希腊等地都是几何学重要发源地。

从古埃及金字塔的建造来看，古埃及在四五千年前就已懂得不少几何知识。如圆面积计算法等。

古巴比伦人的泥板书中已有矩形、直角三角形以及柱体等的计算方法，并且最早发现勾股定理。

古印度人在公元前5世纪已知圆与一个特殊矩形面积相等。

欧几里得的《几何原本》是集古希腊几何于大成者，建立了演绎科学，创立了严密的逻辑体系。此外，阿基米德《圆的度量》等，阿波罗尼奥斯的《圆锥曲线论》等，成为几何学发展精品。

中国几何学起源也很早，如在黄河流域发掘出来的陶器上有各种几何图形。公元前4～前3世纪成书的《墨经》给出了一些几何名词定义和几何命题，《周髀算经》叙述了勾股定理和测量方法。东汉初年《九章算术》给出许多面积和体积的计算方法。据说古代把平面图形称为“田”，如正方形称为方田，矩形称为广田或直田，圆称为圆田等。

中国古代几何学称为“形学”。明朝科学家徐光启（1562～1633）与意大利传教士、科学家利玛窦共同翻译欧几里得《原本》一书时，当时译文不像今天这样，前有数学译名参考，时有现成译名借鉴，译者精通专业与外文。可是此书由利玛窦口授（他懂中文），徐光启笔录（他懂数学，不懂外文），在译完付印前，徐、利二人共商书名译文。

我们知道，当时译本是根据生于意大利的德国数学家克拉维乌斯（C. Clavius，1537～1612）的书译的，其书名是 Euclidis Elementorum Libri XV，1574（《欧几里得几何原本 15 卷》），其中“Elementorum”一词的意思是要素或元素。书名中没有“Geometriae”（几何）这个词，因此不是用这个词译出的，更不是“Geo”（几何）的译音。

徐光启（1562～1633）

那么，他们是怎样想出来在《原本》前加上“几何”二字呢？主要原因有二：

第一，徐、利的书名《几何原本》中的“几何”不是狭义地指“多少”的意思，而是泛指度量以及包括度量有关的内容。例如，卷一前面的译文说“凡历绘、地理、乐律、算章、技艺、工事，诸事，有度有数，皆依赖十府中几何府属。”“十府”是西方哲学家对自然界和人类社会所划的十个归属。显然，把“几何”划归为度量有关的数学。

又如，《原本》卷五第三界说：两几何相比谓之比例（今称为“比”）。又如第 7 题“两几何等，则与彼几何各为比例必等。”显然，这里的“几何”也不能用“多少”来解释，那么他们所谓的“几何”是什么呢？第三节明白地解释说：“两几何者，或两数，或两线，或两面，或两体。各以同类大小相比，谓之比例。”这里的“数”，仅限于当时的有理数（有公度比），而线、面、体等就是量，而不是数。显然，这里的“几何”就是量或度量（同类大小相比）。

所以，徐、利二人为了把量与数区分开来，在译文中利用“几何”原来具有量的多少的含义，而取作量的译名。白尚恕认为译自*Magnitudo*（原意为量），当然用“量”作书名不合适，他们恰当地选用了“几何”二字。

此外，徐、利在译本中已经在多处使用了“几何”一词，如卷五第三节等处。而“几何”译名也符合中国古算传统用语，如《九章算术》、《孙子算经》（5世纪）以及《数书九章》等古算书中的题问最末都是“……几何”，表示多少、大小、若干的意思。

第二，徐、利的“几何”译名，也源自对《原本》内容的正确认识。如徐光启在译本序中说：“《几何原本》者，度数之宗，所以穷方圆平直之情，尽规矩准绳之用也。”这就是说，几何原本是计算数量之本，推究几何图形的性质，全用工具作图与测量的一门科学。因此，原本是当时数学的基础、根本。正如他们所说：“原本者明几何之所以然，凡为其说者无不由此出也。”（大意说，原本是几何学的根本，学习几何须先从此开始），这就是说《几何原本》是几何学的原本之书。

综上所述，徐、利的“几何”译名主要来源于对《原本》内容的正确认识和古算传统用语。故将书名译为《几何原本》是正确的、合理的。白尚恕认为“几何原本”应理解为“量的原理”或“计量之学”。

但是，现代人思想活跃，总要去探索徐、利二人用“几何”一词的初衷，出现了几种猜测，其中一种还编造了一个美丽的传说，如说：

有一天傍晚，徐光启漫步在庭院。秋高气爽，晴朗的天空，窈窕的秋星闪闪发光，月亮左边银河高悬，斜贯长空。徐光启仰望天空，一下触景生情，储存记忆源的大脑“软件”突然跳出了一首古诗“迢迢牵牛星”（这是东汉末年（220年前后）《古诗十九首》中的一首，已收录在《初中语文》第六册，1988年，307页），其中有“河汉清且浅，相去复几许”两句。

迢迢牵牛星，皎皎河汉女。
纤纤擢素手，札札弄机杼。
终日不成章，泣涕零如雨。

河汉清且浅，相去复几许。

盈盈一水间，脉脉不得语。

他由“几许”想到“几何”，这与“Geo”音近意切。于是，一个流芳千古的译名诞生了。我们暂不考证这个美丽传说的真伪，但至少可以证明一个事实：徐光启译书，前无先例，别无依傍，筚路蓝缕，以启山林，工作之艰难，可想而知，谁又知晓徐光启译书，为了一个名词，一个内容的精心考虑，多方揣摩，煞费苦心的辛劳呢？更不用说译《几何原本》前六卷的斟酌、推敲与多次修改、润色之艰苦劳动了，这正是“梅花香自苦寒来”。

3.2 秋千跳起（西江月）

院内秋千跳起，杆索未审高低。

脚登画板女娇嬉，离地板高一尺。

只见送行两步①，板高三尺无奇。

杆绳长短怎生知，除演天元②如积③。

——朱世杰《四元玉鉴》“或问歌象”第6题

【注释】 ①此指1步=5尺，两步=10尺=1丈。②“天元”，古指未知数。③“如积”，指相乘的积，或指运算的结果，有时指方程的同类项，“除演天元如积”相当于今天设未知数解方程的方法。

【译文】 庭院里的秋千荡起来了，但不知道杆索长短，只知道荡秋千的美丽姑娘，脚站在画有图案的木板上，此时踏板离地面高是1尺。当推送秋千起荡的踏板平行移动10尺时，踏板离地面高恰为3尺。如果要想知道秋千杆和绳长，则设未知数解方程便可算出来。

【解法】 解法与3.1节类似。用今式表示（解法与朱世杰术文叙述不同，但本质一致）：

如图3-2，设OA是秋千绳静止的位置，A是踏板，CD是地面，点B是送行后踏板的位置，$\overset{\frown}{AB}$是踏板移动的轨道。已知$AC=1$，$CD=BE=10$，$BD=3$，要求OA的长。

又设绳长$OA=OB=x$（尺），过点B作$BE\perp OA$交OC于点E，显然$AE=3-1=2$，$OE=x-2$，

在Rt$\triangle OEB$中，由勾股定理，有

$$OB^2=OE^2+BE^2$$

即 $$x^2=(x-2)^2+10^2$$

解得 $$x=26$$

杆长： $$26+1=27(\text{尺})$$

答：秋千绳长为 2.6 丈，杆长 2.7 丈。

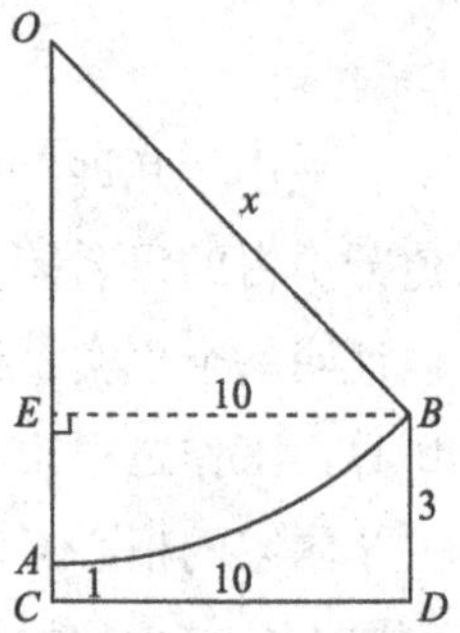

图 3-2

【探源】 朱世杰是根据生活实际编的诗题，载入他的《四元玉鉴》卷中之六“或问歌象”第 6 题。当然，尚欠通俗、生动，在 289 年后，程大位书上了出现了通俗、生动的 3.1 节词题。

谁早发现勾股定理

上面词题涉及了几何学宝库里一大稀世之珍——勾股定理。

勾股定理不愧是数学中一颗绚丽的明珠，没有它，几何学将大为失色，难怪著名的德国天文学家开普勒（J. Kepler，1571～1630）说过：“几何学有两个宝藏，一个是勾股定理，一个是黄金分割”。

毕达哥拉斯
（约公元前 580～前 500）

谈到勾股定理，人们自然要问：谁最早发现了勾股定理？这个家喻户晓的问题，众说纷纭，莫衷一是，至今有以下几种说法：

(1) 毕达哥拉斯发现的。西方数学史界许多人认为，勾股定理是古希腊数学家毕达哥拉斯（Pythagoras，约公元前 580～约前 500 (490)）于公元前 6 世纪最早发现的。故称之为“毕达哥拉斯定理”。毕达哥拉斯没有留下记载，是后人欧几里得《原本》第一卷第 174 命题里披露的，这仅是一种推测。

此外，过去有些数学书说，勾股定理的发现与证明是毕氏，传说毕氏学派为了庆祝这个发现，曾宰杀了一百头牛祭神。但迄今并没有毕氏发现和证明勾股定理的直接证据。宰牛之说最早出自公元前 2 世纪古希腊学者阿波罗多罗斯（Apollodorus）著《古希腊编年史》。事实上，宰牛与毕氏学派奉行的素食主义相悖，这也是不可信的。

(2) 商高或陈子发现的。有人根据《周髀算经》（约公元前 1 世纪成书）记载“勾三股四弦五”，认为勾股定理和勾股数是我国商高于公元前 12 世纪发现的，故应称为“商高定理”。又有人认为是我国陈子于公元前 6、7 世纪发现的，故称“陈子定理”。

(3) 古印度人发现的。有人说古印度人在公元前 5 世纪左右也曾发现勾股定理。

(4) 集体发现的。我国有人认为勾股定理和勾股数的发现的优先权应归于古代四大文明古国这一集体（如《数学通报》，1986 年第 5 期，第 44，45 页）。

(5) 古巴比伦人发现的。中外有数学史书认为，是古巴比伦人在公元前 1900～前 1600 年发现的。

笔者研究了以上 5 种说法，认为是古巴比伦人最早发现勾股定理和勾股数。从出土的古巴比伦泥板书的记载可以证明。如：美国哥伦比亚大学普林斯顿收集馆第 322 号泥板。这是公元前 1900～前 1600 年编制的泥板①。这块泥板书中有完整的 3 列数，令人大吃一惊，上面载有 15 种勾股数，不幸的是，泥板左边破处有现代胶水的结晶，这说明挖掘时大概是完整的，后来破了，被人粘过以后又失散了，很难找到（因出土的泥板有 55 万块）。若找到这半块，一定会引起人们的极大兴趣。

经研究，这是一块勾股数泥板书，如第一行，设 $b=119$，$c=169$，则可推出失散处 $a=\sqrt{169^2-119^2}=120$。其余类推。这说明古巴比伦人在公元前 2000 年便知勾股数和勾股定理。这是因为勾股数可能源于勾股定理。

还有几块泥板书的数学题的解法中，已用到勾股定理（例略）。

3.3 葭蒲多长（西江月）

今有方①池一所，每面丈四方停。
葭②生西岸长其形，出水三十寸整。
东岸蒲③生一种，水上一尺无零。
葭蒲梢接水齐平，借问三般怎定？

——朱世杰《四元玉鉴》“或问歌象”第 1 题

① 出土泥板或文物年代的鉴定是现代人用碳 14 的科学方法测定的。

【注释】 ①方，古算泛指正方形或长方形，此为正方形。②葭，即初生的芦苇。③蒲，多年生水生草本植物，叶长而尖，可以编席、包和扇子。根茎长在泥里，可以吃。

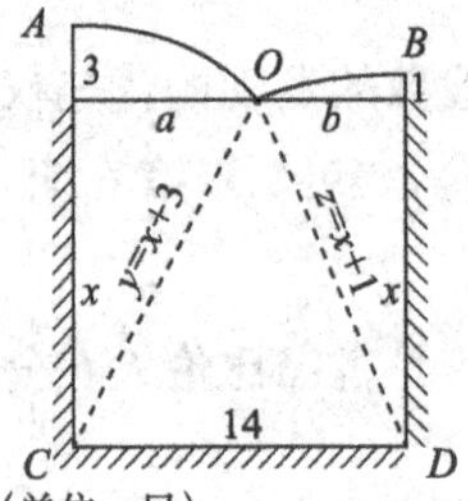

图 3-3

【译文】 有一正方形的水池，每边长 1 丈 4 尺（即 14 尺）。有一株长成的芦苇生长在池的西岸边，露出水面 30 寸（3 尺）。池的东岸又有一株香蒲，露出水面刚好 1 尺。当芦苇与香蒲的尖端接在一起时，它们恰好与水面平齐，问池水多深？芦苇及香蒲各多长？

【解法】 用今天的数字、符号表示。设水深为 x，葭长 $y=x+3$，蒲长 $z=x+1$，a，b 如图 3-3所示，根据勾股定理，得方程组

$$\begin{cases} x^2+a^2=(x+3)^2 \\ x^2+b^2=(x+1)^2 \\ a+b=14 \end{cases} \tag{3-1}$$

即

$$\begin{cases} 6x-b^2+28b-187=0 \\ 2x-b^2+1=0 \end{cases}$$

消去 x，解得

$$b=5，b=-19（舍去）$$

当 $b=5$ 时，$a=9$。将 a，b 代入式（3-1），得 $x=12$，$y=15$，$z=13$。

答：水深 12 尺，葭长 15 尺，蒲长 13 尺。

【探源】 树有根，水有源，读者忍不住会问：朱世杰所编的词题，是源自何处。经考，《九章算术》勾股章第六题是源头，该题是："今有池方一丈，葭生其中央，出水一尺。引葭赴岸，适与岸齐。问水深、葭长各几何?"稍晚一点的另一部古算《张丘建算经》卷上第 13 题也有。因此，朱世杰诗题源于《九章算术》该题，又高于它（解法略）。

薪尽火传的词题

形式活泼，内容有趣的历史名题，常被历代名家引录，传承下来，共同为了一个目标：锻炼子孙后代的智巧、磨炼人的毅力和才华。所以

上述问题也没有逃过程大位的慧眼。他读过朱世杰的词题，也熟悉《九章算术》和《张丘建算经》。似乎嫌朱世杰的词题不太通俗，有点难度，因题的条件和结论比《九章算术》题多了一个，为使词题广为流传，让更多层次的青少年都有机会做一次思维体操，于是他恢复《九章算术》原题的面貌，进行充满情趣的生动叙述，更富有诗意的细腻描写。就这样，在程大位《算法统宗》里又出现一首语言通俗，意境形象的不朽诗词篇（西江月）：

今有方池一所，每边丈二无移。
中心蒲长一根肥，出水过于二尺。
斜引蒲梢至岸，适然与岸方齐。
请君明算更能推，蒲长水深各几？

读者动手计算，容易得到水深 8 尺，蒲长 1 丈。

朱世杰、程大位两位数学家的词题，采用形式生动活泼，耐人寻味的诗词叙述古算题，付出了一定的辛劳，诗歌也编得优美押韵，风格高雅而别致，并无矫揉造作，数学意义也正确，读后令人眼前呈现一幅鲜明生动的画面：你看，茁壮的香蒲、芦苇，亭亭玉立于池正中，风平浪静的水面上，尖梢若拽靠岸恰与岸边水面交于一点，它们好像正等待着有志者揭开它们长短的秘密。词题解的思路与《九章算术》之法同出一辙，灵活地套用其法来解，是如此的干净利落和明晰。古人一题多变的手法和思想，令今人效法，值得吸收和消化。

“葭生中央问题”对中外后世影响很大。在国外，古印度数学家婆什迦罗的《莉拉沃蒂》又译为《丽多娃提》一书中有“印度莲花”问题；伊朗数学家阿尔·卡西（Al-kāshī，？～1429）的《算术之钥》也有类似的“池中长茅”问题；欧洲《十六世纪的算术》一书中又有“同池芦苇”问题。这些问题不仅内容一致，解法也相同。在苏联别莱利曼(Я. И. b́enЯeB)《趣味几何学》和我国许莼舫《古算趣味》书中也引有印度莲花问题，是以诗歌体形式记叙的。

3.4 戏放风筝（西江月）

三月清明节气，蒙童斗放风筝。
托量九十五尺绳，被风刮起空中。

量得上下相应①，七十六尺无零。

纵横甚法问先生，算之多少为平？

——程大位《算法统宗》

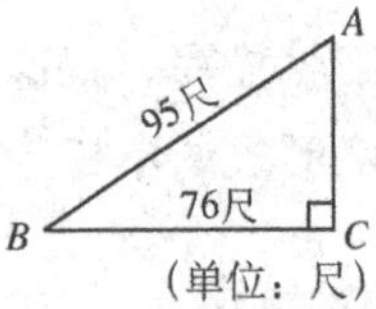

图 3-4

【注释】 ①如图 3-4 所示，设 A 为空中风筝，B 为儿童，“量得上下相应，七十六尺无零”，指 $BC=$ 76 尺，即风筝 A 在地面上的射影 C，到儿童 B 间距离。简言之，风筝线 AB 的射影长 BC。

【解法】 词题意思明白，不用译文。设风筝绳长$AB=95$尺，$BC=76$ 尺，求筝高 AC。在$\text{Rt}\triangle ABC$中，由勾股定理

$$AC=\sqrt{AB^2-BC^2}=\sqrt{95^2-76^2}=57(\text{尺})$$

答：风筝高 57 尺即 5 丈 7 尺。

【探源】 这道词题源于生活实际，古算家根据民间放风筝编的一道简单词题。

风筝在我国历史悠久，古代称之为“鹞（音同耀，yào）子”或“纸鸢”。它是青少年一种有益的文娱活动。祖国医学认为，在和煦的春风里放风筝，有“疏泄内热，增强体质之益”，达到祛病健身的功效。古书《续博物志》载：“春季放风筝，引线而上，令小儿张口仰视，可以泄内热”。《燕京岁时记》载：“儿童放之空中，最能清目”。

近年来，我国年年举办风筝节，风筝比赛已经国际化。第 2 届奥运会曾经把风筝列入比赛项目。

有趣的是，唐朝的宫女们还把自己的名字写在风筝上，然后剪断牵绳，让风筝随风飘去，认为可以放走晦气。至今韩国人仍仿此作为泄怒、忘忧的一种方法。

3.5 田中有竹

今有直田一亩足，正向中间生竿竹。

四角至竹各十三①，借问四事元数目②。

——朱世杰《四元玉鉴》“或问歌象”第 3 题

【注释】 ①这句是说，长方形（矩形）田的四个角到正中间的长各为 13 步。②这句是说，问直田的长、宽各是多少？

【解法一】 （朱世杰原著上有四种解法，下面选一种）用现代符号表示，如图 3-5 所示。设矩形对角线 AC 与 BD 交点 O 为正中间的竹，$OA=OB=OC=OD=13$（步），设宽 $AB=a$，长 $BC=b$，$AC=c$，又设 $x=a+b$，两边平方，得

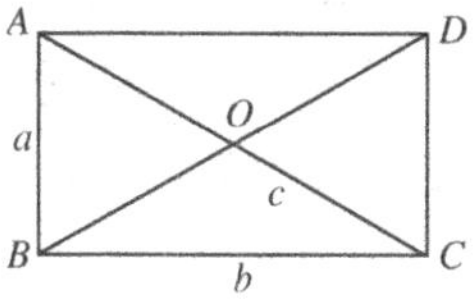

图 3-5

$$x^2=(a+b)^2$$

即 $$x^2=a^2+2ab+b^2$$

由勾股定理， $$a^2+b^2=c^2$$

所以 $$x^2-c^2=2ab,$$

因为 $c=2\times13$，$ab=240$（平方步）代入上式

$$x^2-(2\times13)^2=2\times240,$$

解得 $$x_1=34,\ x_2=-34\text{（舍去）}$$

即 $$a+b=34 \qquad (3\text{-}2)$$

又 $$ab=240 \qquad (3\text{-}3)$$

解（3-2）和（3-3）两式组成的方程组，得

$$a_1=24\text{ 或 }a_2=10;\ b_1=10\text{ 或 }b_2=24$$

答：直田长 24 步，宽 10 步。

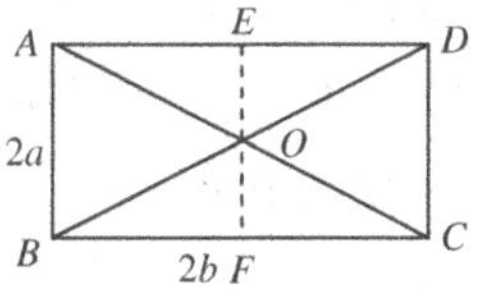

图 3-6

【解法二】 （现代解法之一）

如图 3-6 所示，设直田长 $BC=2b$，宽 $AB=2a$，过中心点 O 作 $EF\parallel AB$，交 AD，BC 于点 E，F。

在 Rt$\triangle OED$ 中，$OE^2+ED^2=OD^2$

即 $$b^2+a^2=13^2 \qquad (3\text{-}4)$$

已知直田面积 $AB\cdot BC=2a\cdot 2b=240$(平方步)

即 $$2ab=120 \qquad (3\text{-}5)$$

解（3-4），（3-5）两式组成方程组，得

$$\begin{cases}a_1=12\\ b_1=5\end{cases}\text{或}\begin{cases}a_2=5\\ b_2=12\end{cases}$$

取长 $2a=24$ 步，阔 $2b=10$ 步。合答。

【探源】 朱世杰诗题是根据《孙子算经》卷中一题改编的。原题是："今有方田，桑生中央。从角至桑一百四十七步。问为田几何"。

显然，《孙子算经》这题比较简单，已知条件和所求与朱世杰诗题不同，朱世杰诗题难度较大。竹改为桑。无独有偶，《孙子算经》这题，又收入在另一本古算《翠薇山房算学丛书》（1820）中。

朱世杰

人们在欣赏别具一格的科学诗之余，不免要了解朱世杰的身世。

元代杰出的数学家朱世杰，字汉卿，号松庭。他没有编过历法，也未做过大官，生平事迹没有流传下来。目前只有莫若、祖颐为他的《四元玉鉴》一书作的序文中略知一二。序文说：“燕山（今北京市）松庭朱先生以数学名家周游湖海二十余年矣。四方之来学者日众。”序文又说他“周游四方，复游广陵（今江苏扬州），踵门而学者云集。”因此，不难知道，朱世杰家住燕京，是我国第一个以数学教育为专业的职业数学家和数学教育家。为了满足学习数学者的要求，他在扬州著书立说，以供前来求学者使用。著有《算学启蒙》三卷，《四元玉鉴》三卷，对于高次方程组的解法、高阶等差级数和招差术都有独到的研究。两书都由赵元镇帮助刊刻印行。

朱世杰
（13 世纪末～14 世纪初）

朱世杰全面继承了宋元数学成就和各种实用算法，并创造性地予以发展，把我国古代数学推向更高水平，形成宋元时期数学的最高峰。因此，朱世杰是宋元数学家中出类拔萃者之一，后世数学家评价很高。

西方科学史家也评价说，他是“他们所生时代的，同时也是贯穿古今的最杰出的数学家”。而他的《四元玉鉴》则是“中世纪最杰出的数学著作之一。”

《算学启蒙》正文的卷上前五门的开头有七言诗歌，九归除法为八句，其余均为四句。如卷上第一门“纵横因法门”有一诗歌口诀：

此法从来向上因，但言十者过其身。
呼如本位须当作，知算纵横数目真。

显然，歌诀内容主要讲本门算法要点。

《算法启蒙》中的诗歌具有高度的概括性，编起来很难，我们在该书后面的内容中，便没有看到这种诗歌口诀，估计因不好编而没有的。

朱世杰“总括”的歌诀，可能是受到我国诗歌、口诀创始人杨辉的影响，继承和发展的。

《四元玉鉴》内容有“招差术”和他首创的“四元术”（四元高次联立方程组消元法），所列方程从一元到四元。此外还涉及几何、代数方面的一些问题。其中在“或问歌象”有12道诗歌题。

3.6 门厅高低（西江月）

今有门厅一座，不知门广高低。
长竿横进使归室，争奈门狭四尺①。
随即竖竿过去，亦长二尺无疑。
两隅斜去恰方齐，请问三色②各几？

——程大位《算法统宗》

【注释】 ①上下两句说长竿横起进门入室时，门宽小4尺进不了。②三色，指门的宽、高和竿长。

【译文】 今有一房门，不知宽与高，长竿横起进门入室，门的宽度小4尺进不了；将竿直立过门，门矮竿长2尺。将竿斜放穿过门的对角，恰好进门。试问门的宽、高和竿长各是多少？

【解法】 如图3-7所示，设门为$ABCD$，竿长$AC=c$，门高$AB=b$，门宽$BC=a$，横进门矮竿长$CE=4$尺，竖进竿比门高$AF=2$尺，根据题意得

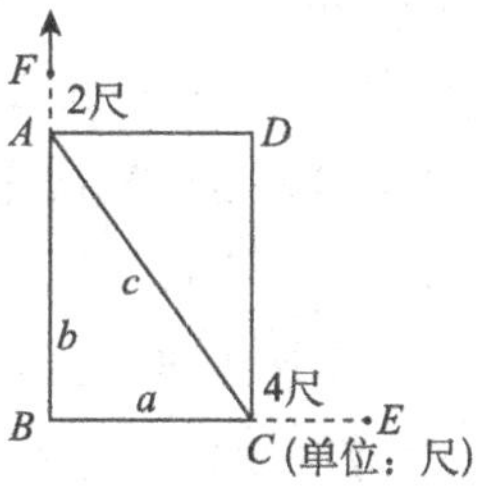

图3-7

$$c-a=4\text{（尺）}$$

$$c-b=2\text{（尺）}$$

因为 $$a^2+b^2=c^2 \quad (3\text{-}6)$$

将$a=c-4$，$b=c-2$，代入式（3-6）

得 $$c^2-12c+20=0$$

解之，得 $$c=10 \quad c=2$$

因为 $$c-a=4>0,$$

所以$c>4$，舍去$c=2$，

所以　　$a=c-4=6$，$b=c-2=8$

答：门宽 a 为 6 尺，门高为 8 尺，竿长为 10 尺。

【探源】　欲问这道词题的源头，它出自《九章算术》勾股章第 12 题："今有户不知高、广，竿不知长、短。横之不出四尺，从之不出二尺，邪之适出。问户高、广、邪（即斜）各几何？答曰：广六尺，高八尺，邪（斜）一丈。"词题数字、题意完全相同。《九章算术》这一题与词题解法一样（略）。

当然，在实际生活中，长竿入室，人们不会像词题中说的横、纵入内。但作为古人在题中所设下的陷阱却别具韵味，其一是让读者费点周折才能算出结果；其二是培养人的机敏性，在生活实际中处处要动脑筋找窍门，应用科学解决问题，培养创新能力。

3.7　系马问索（西江月）

田中有一枯柱，丈六全没枝梢①。
尖头一马系难牢，吃尽田中禾稻。
四分五厘②田地，团团吃一周遭。
索长几许算偿招，不算难赔多少？

——程大位《算法统宗》

【注释】　①此句说，从地面到柱顶端有 1 丈 6 尺＝16 尺。②地积单位亩、分、厘。"亩"的大小，商鞅在秦国实行变法，废除了 100 平方步＝1 亩制，改为 240 平方步＝1 亩制。秦始皇统一六国以后，便采用此制。这里采用秦汉制：1 亩＝60 平方丈＝240 平方步，1 顷＝100 亩。并且 1 亩＝10 分，1 分＝10 厘。$\pi\approx3$。

但这 1 步＝5 尺是采用唐代以后制，而不是秦汉制（1 步＝6 尺）。

【译文】　田中有一根旧木柱，从地面到端有 16 尺长，木柱的顶端系有一根拴马的绳索，因绳索不能把马拴牢，马儿把 4 分 5 厘的圆面积的禾稻全吃光了。现在要计算赔偿的禾稻，请算出索长是多少？

【解法】　设木柱 $OA=16$ 尺，用今符号表示，如图 3-8 所示，圆半径 r，索长 $AB=x$，5 厘＝12 平方步，4 分 5 厘＝$4\times24+12=108$（平方步），由圆面积公式

$$\pi r^2=3\cdot r^2=108$$

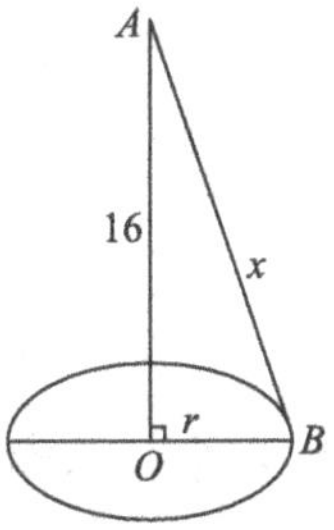

图 3-8

$$r^2=36\text{（平方步）}$$

所以 $r=6$ 步 $=30$ 尺，$r=-6$（舍去）

又根据勾股定理

$$x^2=30^2+16^2$$

解得

$$x=34,\ x=-34\text{（舍去）}$$

答：索长 34 尺，即 3 丈 4 尺。

【探源】 这是源于生活实际的词题。也是一个饶有趣味的数学题，马只能绕定点在可及的圆面积内糟蹋庄稼。这使人遐想：人生像一个圆，有的人走了一辈子也没有走出命运的圆圈，这是因为他不知道圆上的每一点都有一条腾飞的切线，就好像有一索拴住一样。这种人应当解放思想，找到一个合适的理想点，腾飞出去，为华夏宏伟建设和社会和谐做出突破性贡献。

3.8 钓鱼乐趣

池①河八分②下钓钩，鱼吞水底是根由。

钓绳五十③岸齐并，使尽机关无法筹。

纵横源流虽辨认，水深几尺数难求。

——梅穀成《增删算法统宗》

【注释】 ①池，指圆形池塘。②因 1 亩 $=240$ 平方步，1 分 $=24$ 平方步，所以 8 分 $=8\times24=192$（平方步），唐代以后 1 步 $=5$ 尺。③“五十”是指 50 尺。

【译文】 在面积为 8 分的圆形水池塘里钓鱼，钓钩被鱼吞食到水底下去了。钓绳距水塘岸边有 50 尺长，虽然可以辨认鱼的纵横位置，但是绞尽脑汁就数水深几尺最难求了，试求池水有多深？

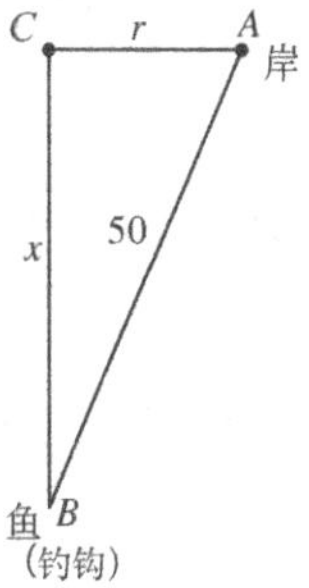

图 3-9

【解法】 用今符号表示，如图 3-9 所示，设钓绳 $AB=50$ 尺，圆池半径为 r，池水深 x 尺，根据题意，

$$8\text{ 分}=192\text{ 平方步}$$

由圆面积公式 $\pi r^2=192$，古时取 $\pi\approx3$，则 $r^2=64$ 平方步 $=1600$ 平方尺。

根据勾股定理，得

$$x^2 = 50^2 - r^2 = 50^2 - 1600 = 900$$

开方取正，得 $x=30$ 尺。

答：池塘水深30尺。

【探源】 这道诗题源于生活，用于现实。

钓鱼乐趣无穷，可以修身养性，心平气静，注意力高度集中，排除杂念，意念于钓绳浮飘，提高视力，增加眼球活动，人称“鱼视气功”。所以钓鱼可以增加情趣，延年益寿，还可食鱼美味。钓鱼有一套自身学问。古算家想象力丰富，把它和圆面积、勾股定理联系在一起。通过这道诗题，反映钓鱼融数学知识和趣味于一体，如同一股甘甜的清泉，点点滴滴洒满钓者的心田，令人流连忘返。

3.9 折竹抵地（西江月）

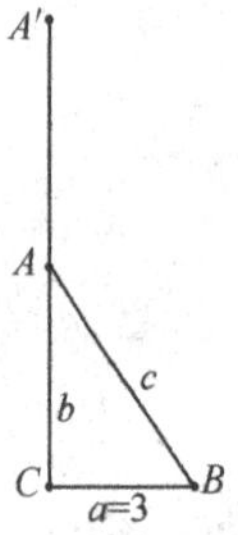

图 3-10

今有竹高一丈，园中出众高强。
只因有病被虫伤，节节相连不长。
风折枯梢在地，离根三尺曾量。
枯梢折竹数明彰，激恼先生一晌。

——吴敬《九章算法比类大全》

【解法】 诗题意思明白，不必译文，直接求解。此词题就是求折竹梢处到根底部的长度。

如图3-10所示，设竹高 $A'C=AC+AB=b+c=1$（丈）$=10$（尺），折竹梢 B 离竹根部 C 有 $a=3$（尺），求 b。

事实上，因为

$$a^2=c^2-b^2=(c+b)(c-b)\text{（勾股定理）}$$

而

$$\begin{aligned} b &= \frac{1}{2}[(c+b)-(c-b)] \\ &= \frac{1}{2}\left[(c+b)-\frac{a^2}{c+b}\right] \\ &= \frac{(c+b)^2-a^2}{2(c+b)} \end{aligned} \tag{3-7}$$

将已知数 $a=3$，$b+c=10$ 代入

所以 $$b=\frac{10^2-3^2}{2\times10}=4\frac{11}{20}\text{（尺）}$$

答：折断处离根地面高 4 尺 20 分之 11 尺。

【探源】 吴敬 1450 年书上的这首词题，源自著名的《九章算术》勾股第 13 题："今有竹高一丈，末折抵地，去本三尺。问折者几何。答曰：四尺二十分尺之十一。"术曰："以去本自乘，令如高而一。所得，以减竹高而半其余，即折者之高也。"译文如下：

今有竹一根（图 3-10），高（$A'C=b+c$）1 丈，腰部折后它的梢触地（B），离竹根（C）3 尺。问折断处离根底部的长度（AC）?

算法（术曰）：如图 3-10 所示，设竹高 $A'C=b+c=10$ 尺为股弦和，折腰处 $A'A=AB=c$ 为弦，余下竹 $AC=b$ 为股，股弦差 $c-b=\frac{a^2}{c+b}$，则术文说：以离根 a 自乘（a^2），除以竹高（即 $c+b$）。竹高减去所得商（股弦差），取其一半，即得折断处至根部的高（b），用今式表示，这个算法就是一个公式：

$$b=\frac{1}{2}\left[(c+b)-\frac{a^2}{c+b}\right] \tag{3-8}$$

《九章算术》该题所得解法公式没有给出证明，亦即没有讲出公式来源的道理，三国刘徽注《九章算术》(263）给出了证明，它给出另解公式，就是上述公式（3-7）注文略。

而公式（3-8）便是以勾幂及股弦之和推求其股而得来的。这个推证过程就是本词题解法。

显然，两种推理是一脉相通的，殊途同归，仅公式（3-7）、(3-8）形式不同而已。

《九章算术》这题和吴敬词题的内容、数据完全一致。诗词题通俗有趣，易为青少年喜爱。同时，"折竹抵地"题，在古印度数学家婆罗摩笈多、婆什迦罗和英国人的著作中都出现过。

3.10 丈量田地

昨日丈量田地回，记得田长三十步。

广斜①之步共五十，不知几亩几零数。

——梅毂成《增删算法统宗》

【注释】 ①"广斜"指长方形田的宽与对角线。实际是直角三角形的直角边与斜边。

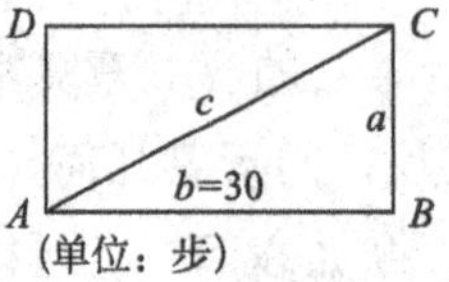

图 3-11

【译文】 昨天量了田地回到家里，记得长方形田的长为 30 步，长方形田的宽与其对角线之和为 50 步，不知该田有几亩？

【解法一】 （古算书解法）如图 3-11 所示，已知广斜 $a+c=50$ 步，长 $b=30$ 步，古算书上求得广（勾）a 的综合式为

$$a=\frac{50^2-30^2}{2\times50}=16(\text{步})$$

丈量田地面积：$S_{\square ABCD}=a\times b=16\times30=480$(平方步)

因为 1 亩＝240 平方步

则所求田地亩数： $S_{\square ABCD}=480\div240=2$(亩)

答：所丈量田地 2 亩。

这道题实质上是，已知直角三角形勾弦和（$a+c$）与股 b，求勾 a，可得一公式，用今式表示：

$$a=\frac{(a+c)^2-b^2}{2(a+c)}$$

古算书上未证明，今给出公式证明如下：

用今式表达，由勾股定理，可知

$$a^2-c^2=-b^2$$

$$(a+c)(a-c)=-b^2$$

两边同加$(a+c)^2$，得

$$(a+c)(a-c)+(a+c)^2=(a+c)^2-b^2$$

$$(a+c)[(a-c)+(a+c)]=(a+c)^2-b^2$$

$$2a(a+c)=(a+c)^2-b^2$$

所以 $$a=\frac{(a+c)^2-b^2}{2(a+c)}$$

【解法二】 （现代解法）如图 3-11，设田宽 $BC=x$，则斜边 $AC=50-x$，根据勾股定理，得

$$x^2=(50-x)^2-30^2$$

$$x=\pm16$$

解之，取正根得

$$x=16$$

长方形田面积为　　$30\times16=480$(平方步)

化为亩 $480\div240=2$（亩）。

答：所丈量田地2亩。

【探源】 程大位曾在他的家乡进行过土地测量，据学者介绍说，现今中国历史博物馆存有他当时进行测量的草图。程大位看到古算书上有关土地测量的诗题，为了说明数学“源于实践，用于现实”的真理，特收录在自己的著作中。

从上看到，在初等几何的宝库里，勾股定理真不愧是一块绚丽的珍宝，它像几何宫殿门前的喷泉与花坛，吸引着无数热爱数学的青少年。然而，勾股定理的作用并不限于此。它和其他学科也有千丝万缕的联系，小至在地面上画出直角（3，4，5长组成一个直角三角形定直角），大至有人提出用直角三角形制成的无线电通信工具与“宇宙人”通信。至于在生产、科研、生活中无不与勾股定理有缘分。

3.11　葛藤缠木

二丈木长三尺围，葛①生其下缠绕之。

徐徐缠绕七周遍，葛梢却与木梢齐。

试问先生能算者，葛长多少请君题。

——梅瑴成《增删算法统宗》

【注释】 ①葛，多年生草本植物，茎蔓生花，紫红色。根肥大，叫葛根，可制淀粉，也可供药用，能发汗、解热。茎皮（纤维）可织葛布，通称葛麻，茎可编篮做绳。

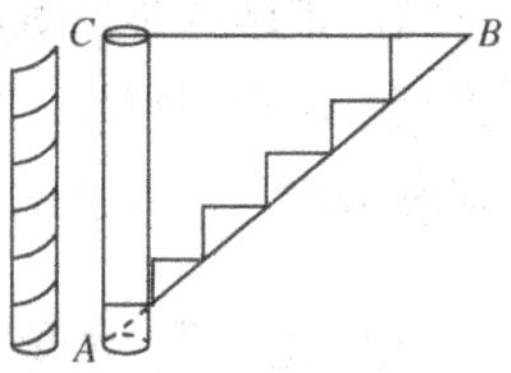

图 3-12

【译文】 今有高2丈的圆木柱，围圆柱一周长为3尺，葛藤生于圆木之下，缓慢地自下而上绕柱7周，上与木齐。试问先生能算出葛长是多少？

【解法】 如图3-12所示，$AC=20$ 尺，$BC=7\times3=21$(尺)，根据勾股定理

$$
\begin{aligned}
AB &= \sqrt{AC^2+BC^2} \\
&= \sqrt{20^2+21^2} \\
&= 29(\text{尺})
\end{aligned}
$$

答：葛长29尺即2丈9尺。

【探源】 这道诗题源于《九章算术》勾股章第5题："今有木长二丈，围之三尺。葛生其下，缠木七周，上与木齐。问葛长几何。答曰：二丈九尺。"原术曰："以七周乘三尺为股，木长为勾，为之求弦。弦者，葛之长"。显然，诗题与此题数量关系都未改一字，解法与术文一致。

刘徽

由于《九章算术》"理深词简，知之者稀"，著名数学家刘徽在术文后注释说①："据围广，求从为木长者其形葛卷裹袤，以笔管，青线宛转，有似葛之缠木，解而观之，则每周之间自有相间成勾股弦。则其间葛长，弦。七周乘围，并合众勾以为一勾；木长而股，短；术云木长谓之股，言之倒。"主要意思说："葛卷裹袤"，不妨做一个模型观看，如图3-12。用青线绕缠笔管，打开来看，则每一个小圈形成一个小勾股形，7圈构成一个大勾股形。本题木长 $AC=20$ 尺为大勾股形的勾，各小勾股形的小股合为大勾股形的股 BC，即 $BC=7\times3=21$ 尺为股，葛藤长便是弦 AB。

螺旋线的发生

从这里还发现，刘徽用笔绕青线说明螺旋线的发生。这是我国对螺旋面与斜面关系最早的论述。

数学是一项造福人类的伟大智力工程，也是一件光彩夺目的科学艺术品。中国数学发展历经波峰波谷的起伏，在明朝以前，时雨春风，万卉百木，舒畅喷发，欣欣向荣；然而在明清时，重雾寒霜，万卉百木，形容枯槁，景象败坏，数学等科学衰落了。

3.12 圆材埋壁

今有圆材，埋在壁中。
不知大小，以锯锯之。
锯深①一寸，锯道②一尺。
求径几何，试问先生。

——《九章算术》勾股章第9题改编

---

① 因校本有异，这里注文引自郭书春、刘钝点校．算经十书．台北：九章出版社，2001.186.

【注释】 ①锯深，就是锯子的深度，亦缝深。如图 3-13 所示，圆柱形木的截面——弓形之矢高（简称矢），即弓形高 CD 为锯深。②锯道，指弓形的弦 AB。

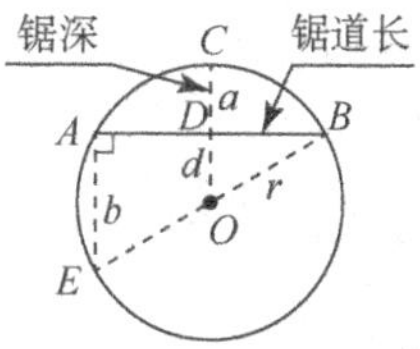

图 3-13

【译文】 今有一段圆柱形的木材，大部分埋在壁中，不知道它的大小。现在用锯来锯它，锯深 1 寸，锯道长 1 尺。问圆木直径是多少？

【解法一】 （《九章算术》解法）《九章算术》原术文："半锯道自乘，如深寸而一，以深寸增之，即材径"（译文：取锯长的一半自乘，所得的数，除以锯深 1 寸，加上锯深 1 寸，就得所求圆柱的直径）。用现代式子表示为（图 3-13），圆材直径 $BE=\frac{\left(\frac{AB}{2}\right)^2}{CD}+CD$，即圆直径$=\frac{\text{半弦}^2}{\text{矢}}+$矢，显然，已知半弦与矢，便可快速求圆径。

将已知代入公式

$$BE=\frac{(10/2)^2}{1}+1=26(\text{寸})$$

答：圆材直径 26 寸即 2 丈 6 尺。

注：《九章算术》给出了解法公式，但无证明。在此给出证法：

证法：如图 3-13 所示。作$\odot O$ 直径 $BE=2r$（r 为圆材半径），连接 AE，在$\text{Rt}\triangle ABE$中，设弦 $AB=a$，CD 为锯深，则中位线 $OD=\frac{1}{2}AE$，由勾股定理，

$$BE^2=AE^2+AB^2$$

$$BE^2=(2\cdot OD)^2+a^2$$

而 $OD=OC-CD=\frac{BE}{2}-CD$，

代入，化简，得

$$BE=\frac{AB}{4CD}+CD=\frac{(AB/2)^2}{CD}+CD \tag{3-9}$$

这里引申一下，见图 3-13，连接 AE，若设 $AB=a$，$BE=c$，$AE=b$，则 $\text{Rt}\triangle ODB\backsim\text{Rt}\triangle ABE$，

$$\frac{OD}{AE}=\frac{BD}{AB}$$

所以 $$OD=\frac{1}{2}AE=\frac{b}{2}$$

而 $$CD=OC-OD=\frac{c-b}{2}$$

于是，上述公式（3-9）可以写成

$$c=\frac{(a/2)^2}{(c-b)\ /2}+\frac{c-b}{2}$$

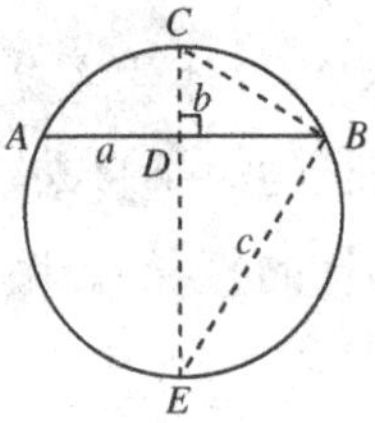

图 3-14

这就是说，运用勾股定理，已知勾 $AB=a$，和弦股差（即弦 $c-b$），则可求出圆柱直径。

【解法二】 （杨辉解法）杨辉在《田亩比类乘除捷法》（1275）卷下第 24 题：“圆田于内截弦矢田一段，弦长十二步，矢阔四步。问圆田原径几步。答曰：一十三步”。（译文：如图 3-14 所示，在一块圆田内截取弓形田 ABC 的弦长 $AB=12$ 步，矢高 $CD=4$ 步，问圆直径是多少?）

杨辉只提出解法公式，即术曰：

“半弦自乘为实，以矢除，而并矢，即圆田径步也。图势同前”。术文表达的解法公式是

$$圆的直径=\frac{半弦^2}{矢}+矢$$

显然，杨辉给出的公式与诗题相同。

原题原著中的图形如图3-15所示。

图 3-15

这里给出杨辉书中未证的此题公式如下：

如图 3-14，作直径 CE，连接 BC、BE，在 Rt△BDC中，设 $AB=a$，$CD=b$，$BD=a/2$，在 Rt△BCD中，由勾股定理，得

$$BC=\sqrt{\left(\frac{a}{2}\right)^2+b^2}$$

又因为 Rt△BEC∽Rt△BCD

所以 $$\frac{CE}{BC}=\frac{CB}{CD}$$

即
$$CE=\frac{BC^2}{CD}$$

则圆田径为

$$CE=\frac{(a/2)^2+b^2}{b}=\frac{(a/2)^2}{b}+b$$

即
$$\text{圆的直径}=\frac{\text{半弦}^2}{\text{矢}}+\text{矢}$$

将本题已知 $a=12$，$b=4$ 代入杨辉公式：

圆的直径 $CE=\frac{(12/2)^2}{4}+4=13$(步)

这个答案的演算步骤与杨辉给出的“草曰”一致：“草曰（‘草’就是把‘术’用于本题的具体演算步骤）半弦六步，自乘，得三十六步。以矢四步除，得九步，并矢四步，共十三步。为圆田径步。”

【解法三】 （现代解法之一）如图 3-13 所示，设 $OB=r$，$AB=a=10$ 寸，$CD=1$ 寸，在 Rt$\triangle BDO$ 中，由勾股定理，有

$$r^2=DB^2+OD^2$$

即
$$r^2=\left(\frac{a}{2}\right)^2+(r-CD)^2$$

整理，得

$$2r=\frac{(a/2)^2}{CD}+CD$$

将已知代入得答案。

【解法四】 （现代解法之二）如图 3-13 所示，设 $BD=a=5$ 寸，$OD=d$，$OB=r$，则 $CD=r-d$，在 Rt$\triangle BOD$ 中，由勾股定理，有

$$a^2=r^2-d^2=(r-d)(r+d)$$

有
$$r+d=\frac{a^2}{r-d}$$

代入已知数
$$r+d=\frac{5^2}{1}=25(\text{寸}) \quad (3\text{-}10)$$

又因为
$$r-d=1 \quad (3\text{-}11)$$

(3-10)式+(3-11) 式，得 $2r=\frac{25}{1}+1=26$（寸），合答。

【探源】 诗题直接源自《九章算术》，见解法一。我国数学发展史上，记载着中国古算家们的大量辉煌成就，许多人用毕生精力开拓

禁地：尽管那儿崎峰险恶，荆棘丛生，他们夙兴夜寐，心血凝成卷卷数书，一代代修撰、完善，留下宏丰浩卷，独步数坛几十年，为我国和世界数学发展作出了彪炳贡献。这些古算典籍就像繁星在数学天空闪烁。

众所周知，流传至今两千多年的《九章算术》中的勾股定理，是数学繁星中最亮的一颗小星星，至今仍闪现着数学应用的光辉。

赵州桥与勾股

利用本诗题提出的求圆直径的公式，计算中外驰名的我国河北省石家庄市赵州桥的大桥孔直径，古今计算方法完全一致。

如图 3-14 所示，赵州桥大孔 ACB，跨度（即弦）$AB=37.4$ 米，高度（即矢）$CD=7.2$ 米，根据本诗题公式：

$$\begin{aligned}\text{大桥孔直径}&=\frac{\text{半弦}^2}{\text{矢}}+\text{矢}\\&=\frac{(AB/2)^2}{CD}+CD\\&=\frac{(37.4/2)^2}{7.2}+7.2\approx 55.8(\text{米})\end{aligned}$$

令人赞叹古算法精巧的同时，也自然联想到赵州桥已经有 1300 多年的历史了，它默默地在日月星光照射下，经过多少次雨点洪水的冲刷，风日霜雪的侵蚀，地震的摇撼，车马的碾压，至今仍岿然不动，屹立在华夏大地上，被世代誉为“奇巧固护，甲于天下”。除了建筑材料和优质施工等因素外，勾股定理也充当了一个角色，因此，光彩的勾股定理在古今科学技术中是闪闪发光的。

忆古思今，又令人联想：建筑工程，百年大计，奇巧固护，功在当代，利在千秋；豆腐渣工程，祸在当今，遗臭万年，将被钉在人类建筑史的耻辱柱上。

3.13 方斜种粮（凤栖梧）

方种芝麻斜种黍①，勾股之田十亩无零数。
九十股差②方为界，勾差③十步分明许。
借问贤家如何取，多少黍田多少芝麻亩。
算的二田无误处，智能才华算中举。

——吴敬《九章算法比类大全》

【注释】 ①黍，一年生草本植物。子实淡黄色，碾成米叫黄米，比小米稍大，是重要粮食作物之一。这句说：正方形田种芝麻，直角三角形（即斜形）的田种黍。②九十，指九十步。“股差”指 $AC-CD=AD=90$ 步。③勾差，指 $BC-CF=BF=10$ 步。

【译文】 正方形田种芝麻，斜形田种黍，有一块直角三角形 ABC 田（如图 3-16）是 10 亩整。股差 $AD=90$ 步，勾差 $BF=10$ 步。请问聪明的数学家如何取，黍田、芝麻田多少亩时，才使方种斜种的田无误。

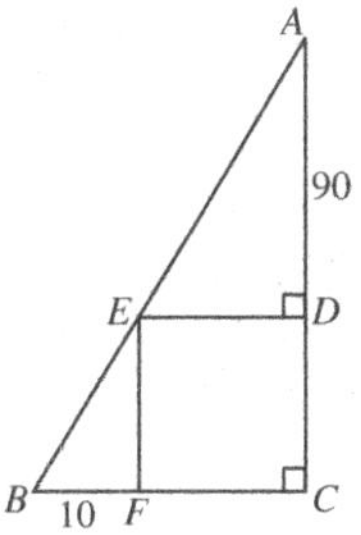

图 3-16

【解 法】 如图 3-16 所示，$Rt\triangle AED \backsim Rt\triangle EBF$，则

$$\frac{BF}{DE}=\frac{EF}{AD}$$

因 $DE=EF$，即

$$DE^2=AD\cdot BF$$
$$=90\times10=900\text{（平方步）}$$
$$900\div240=3.75\text{（亩）}$$

所以正方形田 $EDCF$ 面积 $=3.75$ 亩

则斜田 $Rt\triangle ADE$ 和 $Rt\triangle EFB$ 面积为

$$10-3.75=6.25\text{（亩）}$$

答：芝麻田 3.75 亩，黍田 6.25 亩。

【探源】 明代数学家这首诗题，源自《九章算术》勾股章第十五题：“今有勾五步，股十二步。问勾中容方几何？”的类似意思改编而来，只是诗题编得简单，比《九章算术》这题算法容易。诗题只要突破“股差”、“勾差”概念或所指之意，易如反掌地获得答案。

这种勾股形内容正方形问题，（简称“勾股容方”问题）即直角三角形内接正方形问题，是《九章算术》名题之一，它有著名公式，留在 3.14 节中介绍。

3.14 勾股容方

六尺为勾九尺股，内容方面如何取①。

有人达得这元机，便是高明算中举。

——梅瑴成《增删算法统宗》

【注释】 ①这句话是说，直角三角形内接正方形的边长是多少？

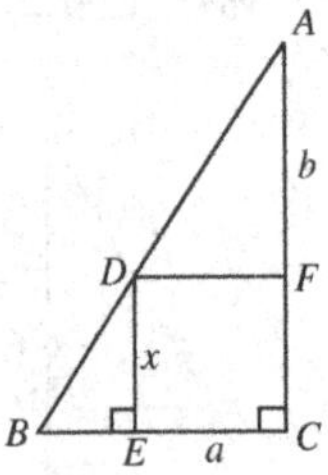

图 3-17

【解法】 诗题因通俗明白不译文。《九章算术》的原术文给出“勾股容方”著名公式：内接正方形边长 $x=\frac{ab}{a+b}$（a，b 为直角三角形两直角边），但没有证明。这里就诗题公式给出证明（用现代式表示）如图 3-17 所示，设勾 $BC=a=6$ 尺，股 $AC=b=9$ 尺，正方形边长 $DE=EC=CF=FD=x$，在 $\text{Rt}\triangle DBE$ 与 $\text{Rt}\triangle ABC$ 中

$$\text{Rt}\triangle DBE\backsim\text{Rt}\triangle ABC$$

$$\frac{BE}{DE}=\frac{BC}{AC}$$

所以
$$DE=\frac{BE\cdot AC}{BC}$$

即
$$x=\frac{(a-x)\ b}{a}$$

化简，得

$$x=\frac{ab}{a+b}$$

将已知数字代入，

$$x=\frac{ab}{a+b}=\frac{6\times9}{6+9}=\frac{54}{15}=3.6(\text{尺})$$

答：“勾股容方”的正方形边长为 3.6 尺。

【探源】 这道诗题源自《九章算术》勾股章第 15 题：“今有勾五步，股一十二步。问勾中容方几何？答曰：方三步一十七分步之九。”

该题术文：“并勾、股为法；勾股相乘为实。实如法而一，得方一步。”（译文：以直角三角形的勾股之和作为除数，勾股之乘积作为被除数，做除法运算，则得内接正方形的边长。）术文给出了公式，用现代式表示，如图 3-17，$\triangle ABC$ 的 $BC=a$，股 $AC=b$，内接正方形边长为 x，则

$$x=\frac{ab}{a+b}$$

《九章算术》对该题未给出公式证明，刘徽注文利用比率，即相似三角形性质给出两种证法，用现代法表示：

证法一，如图 3-17 所示，证法见上面的解法。

证法二，$(a+b):[(a-x)+x]=b:x$ (3-12)

注：式（3-12）怎样来的，刘徽省略了，现用今式补出，见图 3-17。

$$\mathrm{Rt}\triangle ABC \backsim \mathrm{Rt}\triangle BDE$$

所以 $BC:AC=BE:DE$

由合比定理得 $(BC+AC):AC=(BE+DE):DE.$

因 $AC=b$，$BC=a$，$DE=x$，

所以 $(a+b):b=a:x$，即得式（3-12）。

所以
$$x=\frac{ab}{a+b}$$

将已知数代入，

$$x=\frac{ab}{a+b}=\frac{6\times 9}{6+9}=3.6(\text{尺})$$

3.15 勾股容圆

十五为股八步勾[①]，内容圆径怎生求？

有人识得如斯妙，算学方为第一筹。

——梅瑴成《增删算法统宗》

【注释】①此句原文“八尺为股六尺勾”现改为《九章算术》数据。本质未变。

【译文】 今有股长 15 步，勾长 8 步的直角三角形，试问其内切圆的直径怎样求？算得绝妙者，堪称数学第一家。

注：这是一道数学史上名扬中外的“勾股容圆”名题。古今解法很多。在此仅介绍古今各一种解法。

【解法一】 （《九章算术》解法）

原术曰“八步为勾，一十五步为股，为之求弦。三位并之为法，以勾乘股，倍之为实。实如法，得径一步。”术文通过具体数字计算，推出了公式，如图3-18所示：设 $BC=a=8$ 步，$AC=b=15$ 步，则

弦长 $c=\sqrt{a^2+b^2}=\sqrt{8^2+15^2}=\sqrt{289}=17$（取正值）

$$a+b+c=8+15+17=40$$

$$2ab=2\times8\times15=240$$

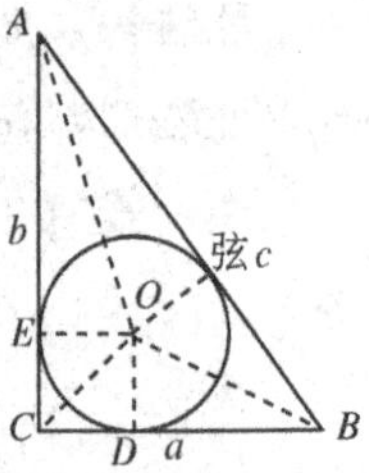

图 3-18

设内切圆直径为 a，得公式后代入已知数：

$$d=\frac{2ab}{a+b+c}=\frac{240}{40}=6\text{（步）}$$

答：圆径 6 步。

原著对"勾股容圆"公式无证明，刘徽注时给出两种证明（略）。

【解法二】 （现代解法，含证明）如图 3-18 所示，根据勾股定理，有

$$c^2=a^2+b^2$$

$$c^2=(a+b)^2-2ab$$

即

$$(a+b)^2-c^2=2ab$$

$$(a+b+c)(a+b-c)=2ab \qquad (3\text{-}13)$$

在 Rt△ABC 中，设其内切圆的直径为 d，则利用切线长定理，可得 $d=a+b-c$［因为 $a+b+c=2\cdot CD+2\cdot BD+2\cdot AE$，$a+b+c=2a+2(AC-EC)$，$a+b+c=2a+2b-2\cdot OD$，所以 $d=a+b-c$］。

将 d 代入式（3-13），$(a+b+c)\ d=2ab$

所以

$$d=\frac{2ab}{a+b+c} \qquad (3\text{-}14)$$

将已知数代入（3-14），可求得 $d=\frac{2\times8\times15}{8+15+17}=6$(尺)，合答。

【探源】 "勾股容圆"诗题源自《九章算术》勾股章第 16 题："今有勾八步，股一十五步，问勾中容圆径几何。答曰六步"（解法见前解法一），它给出了著名的求直角三角形内切圆直径公式，

$$d=\frac{2ab}{a+b+c}$$

它与"勾股容方"形成姊妹篇，流传至今。公式很美，很有规律，都在直角三角形已知勾 a 股 b 条件下，"容方"求边长 $x=\frac{ab}{a+b}$，"容圆"求圆直径 $d=\frac{2ab}{a+b+c}$。太好记忆了，并且诗题可改为一般性问题：a 尺为股 b 尺勾，内容方（容圆）怎生求？有人算得如此妙，便是高明能算士。

直到 1674 年，御制《数理精蕴》巨著中也收入“勾股容方”和“勾股容圆”，值得浓浓抹一笔。

李冶与勾股容圆

元朝数学家李冶（1192～1279）传承“勾股容圆”问题，对它进行了深入细致的研究，发展推广了这一光辉成就，于公元 1248 年出版的《测圆海镜》十二卷中，除卷一为理论基础外，卷二到卷十二载有各种各样容圆问题 170 个，所讨论的问题大多数是已知勾股形而求其内切圆、旁切圆等的直径一类的问题。《识别杂记》中共有 692 个相当于几何公式（或叫定理），错综变化，妙趣横生。

卷二第一个问题就是“勾股容圆”，里面九个容圆问题就是我国数学史上最著名的“洞渊九容术”。“洞渊”指的是一个人还是一本书，目前尚在争论中。著名中国数学史家李迪教授提出“洞渊”为北宋处州（今浙江省丽水市）的“洞渊大师”，这人是道家李思聪。“九容之说”可能是他提出来的，虽然中间相隔一二百年，持之有据，但证据尚不充分。李教授也只说“可能”如此。

茫茫史料，浩如烟海，“洞渊”是什么，至今仍是一个谜。

许多人研究《测圆海镜》，如清末数学家吴诚，看到李冶《测圆海镜》中的容圆九术，于 1898 年出版《算学一隅》之一《海镜一隅》一卷（宁波储材学堂刊本），说明各公式都可由相似三角形比例证得，并把每一容圆问题证法扩大为十种（原来仅二、三种），显出了洞渊九容量的妙蕴。吴诚被誉为“李冶的一位知音人”，堪称一题多解的典范。

1979 年第 6 期美国《数学教师》杂志发表了哈森先生“论直角三角形内切圆和旁切圆半径”论文，该杂志编辑专门加了按语说：“此文结合勾股定理，三角形面积及代数变换，在教学中带来意想不到的效果。”1982 年，法国林力娜（*K. Chemla*）以《测圆海镜研究》获博士学位。

“勾股容圆”一题，曾长期被我国《平面几何》课本选作习题。

李冶著《测圆海镜》中除“勾股容圆”名题外，又著《益古演段》，还著有天文、文学（含诗词）等著作 130 多卷，可谓文理兼优。

此外，李冶在修身养性、健康长寿等方面有一套良好方法，他处在社会动乱、战争不断的艰苦生活环境中，他同时代人的平均寿命不足 50 岁，他却活了 88 岁高寿（1192～1279），打破了杜甫“人生七十古来稀”的70岁界限。

3.16 求田长宽

直田[①]七亩半，忘了长和短。
记得立契时，长阔争一半[②]。
今特问高明，此法如何算。

——梅瑴成《增删算法统宗》

【注释】 ①直田，就是长方形田地。②争，指差、欠的意思。这句话说长与宽相差一半。

【译文】 有一块7亩半的长方形田，忘了长与宽各是多少，记得在立契约的时候，长与宽相差一半。现在请问高明能算者，怎样算出它的长和宽。

【解法】 因为1亩＝240平方步，所以

$$7.5\text{亩}=7\times240+120=1800\text{（平方步）}$$

设长方形的宽为x步，则长为$2x$步，由题意得

$$x\cdot 2x=1800$$

$$x^2=900$$

解之，取正，得

$$x=30$$

答：长方形田长60步，阔（宽）30步。

【探源】 诗题源自《九章算术》少广章12～16题变形而来。如12题为“今有积五万五千二百二十五步，问为方几何？答曰：二百三十五步。”即已知正方形面积，求其边长。其他古算书中也有类似的问题。

面（体）积公式起源

谈到面积问题，联想出一个简单而稀奇古怪的问题。假如有人发问：“世界上我们远古祖先从什么时候起，开始掌握了规则的平面（或立体）图形的面积（体积）公式？”这是一个不容易回答的问题，正如要回答：“谁第一个使用火、石斧和锄头”的问题一样，不可能确切明白地回答“谁第一个”。因为，世界古代数学的萌芽，要追溯到遥远的古代。远古的人类没有文字，对萌芽时期的数学知识现在尚无文字记载

可供考证，现在只能依据出土文物的考古发现和古籍中很少片段记载进行推测。

从出土的古巴比伦泥板书上记载，古巴比伦人在公元前 2000 年到公元前 1600 年，就已熟悉了计算矩方形面积、直角三角形和等腰三角形的面积公式、近似的圆面积公式 $A=\frac{1}{12}C^2$（A 为圆面积，C 为圆周长，r 为圆半径，当 $\pi\approx3$，$C=3\times2r$ 时公式正确），有一边垂直于平行边的梯形面积、长方体的体积以及特殊梯形为底的直棱柱体体积的一般公式、直圆柱体体积公式等。这是目前用文字符号最早的记载，故古巴比伦人早在公元前 21 世纪便知道一些规则的平面、立体图形的面（体）积公式。

我国最早古算《算数书》和《九章算术》方田等章中，也有许多计算面积和体积公式，但较古巴比伦人晚。

3.17 长宽求积

今有直田不知亩，长阔相和①十七步。

平不及长廿五尺②，请问田该多少数？

——梅彀成《增删算法统宗》

【注释】 ①“相和”，即相加。②这句话说，长阔之差为 25 尺=5 步（1 步=5 尺）。

【解法】 设长方形长 a，阔为 b，根据题意，得

$$\begin{cases}a+b=17 & (3\text{-}15)\\ a-b=5 & (3\text{-}16)\end{cases}$$

解方程组，(3-15) ＋ (3-16)，$a=11$ 步，则 $b=6$ 步。

$$ab=11\times6=66\ (\text{平方步})=0.275\ \text{亩}$$

答：直田面积为 0.275 亩。

【探源】 这首诗题源于《九章算术》高于《九章算术》方田章第 1 题：“今有田广十五步，从十六步。问为田几何。答曰：一亩。”意思说，一块长方形田，宽 15 步，长 16 步（从，音纵，zòng）求它的面积。方田术曰：“广从步数相乘得积步”意思说长与宽相乘得长方形面积的平方步。即 16×15=240(平方步)（“积步”就是乘积的平方数）。

将步化为亩得答。

该题表明长方形面积公式：长×宽＝面积

从本书可以看出，许多诗词题源于古算名题。事实上，古算书上的古算题，少数题本身只要略改动几个字，便是一首押韵动听的诗题。例如，《九章算术》均输章第20题："今有凫（音弗，fú，野鸭）起南海，七日至北海；雁起北海，九日至南海。今凫雁俱起，问何日相逢。"改为

凫从南海飞，七日到海北；
雁从北海来，九日至海南。
凫雁同展翅，相逢在何日。

心有灵犀一点通，古代数学家有些人本身就兼诗人，如李冶、朱世杰、吴敬、程大位和梅文鼎等。

3.18 求长阔差

今有直田用较除①，一百二十步无余。
长阔相和该一百，问公三事几何如？

——梅毂成《增删算法统宗》

【注释】 ①这句话说，矩形田积除以长阔之差，就等于第二句"120步"。

【译文】 今有长方形面积除以长（a）宽（b）之差120步（即$\frac{ab}{a-b}=120$步），长宽之和等于100步（$a+b=100$步）。试问长、宽及长宽差（三事）各是多少？

【解法】 设长方形长为a步，阔为b步，依题意得方程组：

$$\begin{cases}\frac{ab}{a-b}=120 & (3\text{-}17)\\ a+b=100 & (3\text{-}18)\end{cases}$$

解（3-17）、（3-18）得

$$b^2-340b+12000=0$$

解方程，得

$$b_1=40，b_2=300（不合题意，舍去）$$

所以

$$a=100-b_1=60，\quad a-b_1=60-40=20$$

答：直田长 60 步，宽 40 步，长宽差 20 步。

【探源】 本诗题源于《九章算术》高于《九章算术》等古算题。因为《九章算术》方田章 10 个已知矩形面积问题，都是已知长、宽求其面积的简单问题，都是直接应用公式：长方形面积＝长×宽。因此，这道诗题较之繁杂，表明编者进一步发展了直田面积问题。

3.19 坡田修平（西江月）

今有坡田一段，西高东下曾量。
十步五寸是斜长，南北均阔六丈。
欲要修为平壤，东增一丈新墙。
不知几许请推详，须要算皆停当。

——程大位《算法统宗》

【译文】 今有一段坡田，西边高东边低，见图 3-19 所示。量得斜坡长 AB 为 10 步 5 寸，东北宽 AA' 为 6 丈。欲要修为平地的土地，在东边修一新墙，墙高 AC 为一丈，不知修平的长方形 $BCC'B'$ 面积是多少？请详细推算出来。

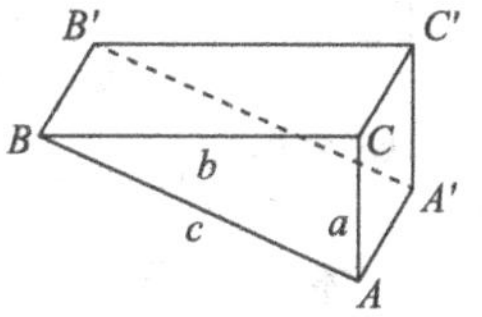

图 3-19

【解法】 从题意可知，已知 $AB=c=$ 10 步 5 寸＝50.5 尺（1 步＝5 尺），$AC=a=10$ 尺，$AA'=60$ 尺，求矩形 $BCC'B'$ 面积。设 $BC=b$，由勾股定理，有

$$b=\sqrt{c^2-a^2}=\sqrt{50.5^2-10^2}=49.5(\text{尺})$$

平整后矩形地积 $S_{BCC'B'}=b\times CC'=49.5\times 60=2970$（平方尺）

1 亩＝240 平方步＝240×25 平方尺＝6000 平方尺

故

$$2970\div 6000=0.495(\text{亩})$$

答：平整后地积为 0.495 亩。

【探源】 这道词题，源于生产实践，用于生产实际，是从实际编成的。坡田修平，保持水土，或改坡地为平地，古代先祖一代一代地修整地球，改天换地，一层层梯田，一层层绿，让小山坡披绿装，长出营养丰富的粮食，这是农民双手劳动的结晶。在古算题与诗词题中都有反映，赞扬与记录了农民辛勤劳动的智慧。

3.20 三斜求积

锦绣山河美如画，修整农田与河堤。
有块沙田三角形，三边长短不整齐。
十三十四十五里，怎样求出它面积？
南宋有个秦九韶，独创一种新方法，
发现三斜求积式[①]，可与海伦[②]比高低。

——《数学诗歌题解》

【注释】 ①“三斜求积式”指已知三角形三边长求其面积的公式。②海伦（Heron，公元62年左右），古希腊数学家。

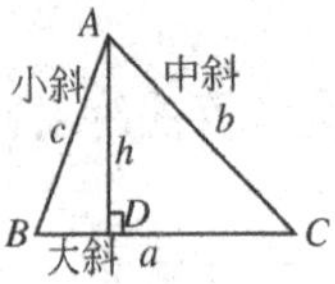

图 3-20

【译文】 有一块三角形的沙田，已知它的三边分别为13里、14里、15里，问它的面积是多少？

【解法】 （秦九韶解法）原术文与今译对照，见图3-20。

术曰	今译
以小斜幂（c^2），并[①]大斜幂（a^2），减中斜幂（b^2），余半之，自乘于上。	设三角形三边分别为 a，b，c，面积为 $S=\left(\dfrac{c^2+a^2-b^2}{2}\right)^2$
以小斜幂乘大斜幂减上，余四约之，为实[②]。	$\dfrac{1}{4}\left[c^2a^2-\left(\dfrac{c^2+a^2-b^2}{2}\right)^2\right]$作为常数项。
一为从隅[③]，开平方得积（S）。	二次项 S 的系数为1，解二次方程 $S^2=\dfrac{1}{4}\left[c^2a^2-\left(\dfrac{c^2+a^2-b^2}{2}\right)^2\right]$得 $S=\sqrt{\dfrac{1}{4}\left[c^2a^2-\left(\dfrac{c^2+a^2-b^2}{2}\right)^2\right]}$

【注释】 ①并，即加上。②古书把被除数、被开方数称为“实”，此处$\left[c^2a^2-\left(\dfrac{c^2+a^2-b^2}{2}\right)^2\right]$称为实。③“一为从隅”即 S^2 的系数为1。“隅”指 S^2 的系数。

最后式子 $S_{\triangle ABC}=\sqrt{\frac{1}{4}\left[a^2c^2-\left(\frac{a^2+c^2-b^2}{2}\right)^2\right]}$ 称为“秦九韶三斜求积公式”。

秦九韶最后将 $a=15$，$b=14$，$c=13$ 代入公式

$$S_{\triangle ABC}=\sqrt{\frac{1}{4}\left[15^2\times13^2-\left(\frac{15^2+13^2-14^2}{2}\right)^2\right]}=84(\text{平方里})$$

因为　　1 里＝300 步，1 平方里＝90000 平方步

所以　　84×90000＝7560000(平方步)

又因为　　1 亩＝240 平方步

所以　　7560000÷240＝31500(亩)

又因为　　1 顷＝100 亩

所以　　31500÷100＝315 顷

答：沙田面积 315 顷。

【探源】 这道诗题出自南宋数学家秦九韶《数书九章》卷五第二题三斜求积：“问沙田一段，有三斜，其小斜一十三里，中斜一十四里，大斜一十五里，里法三百步，欲知为田几何？答曰：田积三百一十五顷。”

秦九韶三斜求积公式是怎样推出来的，原书没有记载，后代数学书也没有它的证明。现代人根据《数书九章》一书中，秦九韶的“斜荡求积”、“计地容民”等题的解题思想方法，推测秦九韶是这样证明得出来的：

如图 3-20 所示，设 h 为 a 边上的高，则

$$S_{\triangle ABC}=\frac{1}{2}ah$$

$$BD=\sqrt{c^2-h^2}，DC=a-BD=a-\sqrt{c^2-h^2}$$

$$b^2=DC^2+h^2=(a-\sqrt{c^2-h^2})^2+h^2$$

$$b^2=a^2+c^2-2a\sqrt{c^2-h^2}$$

即

$$a\sqrt{c^2-h^2}=\frac{1}{2}(a^2+c^2-b^2)$$

两边平方，得

$$a^2c^2-a^2h^2=\left(\frac{a^2+c^2-b^2}{2}\right)^2$$

$$a^2h^2=a^2c^2-\left(\frac{a^2+c^2-b^2}{2}\right)^2$$

即
$$S^2=\frac{1}{4}\left[a^2c^2-\left(\frac{a^2+c^2-b^2}{2}\right)^2\right]$$

所以
$$S_{\triangle ABC}=\sqrt{\frac{1}{4}\left[a^2c^2-\left(\frac{a^2+c^2-b^2}{2}\right)^2\right]}$$

等价的海伦公式

古希腊数学家海伦在《测量仪器》一书中，他用几何法得出了一个已知三角形三边 a，b，c，求其面积公式，史称“海伦公式”：

$$S=\sqrt{s(s-a)(s-b)(s-c)}$$

其中 $s=\frac{1}{2}(a+b+c)$（其实最早发现者是公元前 3 世纪的阿基米德）。

可以证明，秦九韶公式与海伦公式是一致的。证明如下：

$$\begin{aligned}S^2&=\frac{1}{4}\left[a^2c^2-\left(\frac{a^2+c^2-b^2}{2}\right)^2\right]\\&=\frac{1}{4}\left(ac+\frac{a^2+c^2-b^2}{2}\right)\left(ac-\frac{a^2+c^2-b^2}{2}\right)\\&=\frac{1}{4}\left(\frac{2ac+a^2+c^2-b^2}{2}\right)\left(\frac{2ac-a^2-c^2+b^2}{2}\right)\\&=\frac{1}{16}\left[(c+a)^2-b^2\right]\left[b^2-(c-a)^2\right]\\&=\frac{1}{16}(a-b+c)(a+b+c)(-a+b+c)(a+b-c)\end{aligned}$$

设 $\frac{1}{2}(a+b+c)=s$，则 $a+b+c=2s$

$$a+b-c=2(s-c)，a+c-b=2(s-b)$$

$$-a+b+c=2(s-a)$$

所以
$$S^2=s(s-a)(s-b)(s-c)$$

即
$$S=\sqrt{s(s-a)(s-b)(s-c)}$$

3.21 和尚算家

唐朝高僧数学精，悟真大师[①]出一题：
“直田周长百二十[②]，长减十尺不差里，
阔边增加六尺正，直田一下变方阵，
试问直田积有几，谁能快速算分明？”
话音一落外僧云：这里我已算分明。
悟真听后惊问姓，大名鼎鼎僧一行[③]。

——《数学诗歌题解》

【注释】 ①悟真大师是公元710年在今湖北省当阳县境内的阳山玉泉寺寺院的主持，是唐朝著名的高僧之一。他除了佛经、梵文以外，对算学也非常精通，经常向弟子讲授数学。②这句话说，长方形田的周长为120尺。③僧一行（683～727），原名张遂，法名一行。魏州昌乐（今河南南乐县）人，是唐代著名的天文学家、数学家。他幼年家贫，勤奋好学。《旧唐书》评价道：“一行少聪敏，博览经史，尤精历象”。他记忆力惊人，过目能诵，常为“访求师贤，不远数千里”。后来出家当和尚，并成为著名天文数学家。著有《心机算术括》、《一行算法》和《大衍历》等，其中《大衍历》最为著名，被誉为我国古代不朽文献之一。按他的历法推算出来的结果超过当时任何历法。

【译文】 唐朝数学兴盛，数学名家辈出，著述如林，内容博大精深。悟真大师上课时出了一道数学题问其弟子：“已知矩形田的周长为120尺，现将它的长减10尺，宽增加6尺，这样长方形就变成了正方形，问长方形田的面积是多少?”此题一出，弟子们思索许久不得其解。从外来访、云游四方到此的僧人答道：“这题我已算清楚了。”大师听后惊异万分，一问才知此人叫张遂，就是大名鼎鼎的僧一行。

【解法一】 （一行解法）和尚数学家思考如下：

因为矩形的周长=(长+宽)×2

而　　矩形周长=120尺

所以　　矩形的“长+宽”=60尺

他想，解此题的数量关系简明，但等量关系含糊，思考时头脑要清醒，不要掉进泥潭或走进死胡同。因为题中没有说矩形周长或面积与变

成了正方形时的周长或面积相等。他认真分析后，发现解此题的关键在于求出正方形田的边长。于是，他把注意力放在题中没有用过的长、宽增减条件上。

又因为已知条件“长减少 10 尺，宽增加 6 尺，就变成了正方形田”，于是，得

正方形田的周长＝[（矩形田长－10）＋（矩形田宽＋6）]×2
＝（矩形田长＋矩形田宽－10＋6）×2
＝（60－10＋6）×2
＝112（尺）

所以正方形田的边长为

112÷4＝28（尺）

所以矩形田长、宽分别为

28＋10＝38（尺）

28－6＝22（尺）

故所求矩形田的面积为

38×22＝836（平方尺）

这是距今 1200 多年前的一行的巧妙解法，其解题思想与方法值得今人学习。后来，他将此算题收录到了他的《一行算法》一书之中。

【解法二】 （现代方程解）“一行解法”就现代来说比较繁琐，若用现代解法十分简洁。设矩形田长 x 尺，则宽（$60-x$）尺，由题意可知，正方形边长为（$x-10$）尺与[$(60-x)+6$]尺，

而
$$x-10=(60-x)+6$$

解之，得

$$x=38$$

故知矩形田长 38 尺，宽 60－38＝22（尺）

所以矩形田的面积＝38×22＝836（平方尺）

答：矩形田的面积为 836 平方尺。

张遂（一行）

数学发展史是数学家心血和汗水的结晶，也是他们用身体筑起来的堡垒，了解他们为科学献身，叙述他们在事业上的成功和失败，人生的顺境和挫折，生活的艰辛和欢乐，会使我们产生锲而不舍的追求勇气。

张遂（一行，683～727）

“菲尔兹奖”获得者，华人数学家丘成桐在国际华人数学家大会上说：“年轻人要有偶像，但不能只有歌星、影星，也要有科学家。人是需要榜样的，心中有了楷模，就会有努力的方向”（引自2004年12月19日《云南日报》）。

从和尚到数学家的张遂（一行，683～727），他的祖父和父亲一直是朝廷命官，由于功显劳大，得了当朝皇帝的许多封地（用土地奖励）。后来，我国历史上第一个女皇帝武则天执政，下令收回所有封地，幼年的张遂一下子变成了一个穷孩子。张遂不因家贫而弃学，相反地，他更加用功读书，喜欢天文数学，不久，成为青年学者。在唐朝的首府——长安小有名气。

张遂秉性耿直，不畏权贵，武则天的侄子武三思为了包装自己，借学者之光炫耀自己，故意做出“礼贤下士”的样子，强行要与张遂结交，张遂气愤之下便出家当了和尚，起法名一行。那时他刚21岁。

一行的传奇故事很多，如一行记忆力惊人，过目能诵，据《明皇杂录》(855）记载：一个寺庙主持大师普寂要办千人盛会，特请博学的隐士卢鸿一写一篇纪念文章。此文数千字，字句怪僻，十分拗口，卢隐士要普寂选一聪明又领悟快的和尚并教会他在会上朗诵。一行被召，他把文章看了一遍答应朗诵，便放在桌上。卢鸿一不高兴，当盛会开始后，一行在众僧面前一字不漏地背诵出来。卢鸿一惊诧地对普寂说：“他不是你教得了的，应当让他去游学。”

一行品性刚直不阿，奉公守法，他的德才受到唐玄宗的赏识，准许他自由出入宫廷，还几次请他还俗做官，都被一行严词拒绝。一次一行竟然批评了皇帝却安然无恙。

一行为人正派，不徇私情。幼年时因家贫，经常得到邻居王老太太的周济。一行出名以后，这位邻居王老太太找到一行，对他说：“请你搭救我的儿子吧！他犯有杀人死罪，你在皇帝面前说话很有作用，说个情吧。”一行听后对恩人说：“如果您老人家要金钱布匹，我可以十倍报答，但对此事我不能徇私情。”王老太太气愤地指着一行骂：“认识你这样的人有什么用?”可是一行最终没有答应王老太太的要求，她的儿子被依法处以死刑。

3.22 圆中求方（西江月）

今有圆田①一段，中间有个方池。
丈量田地待耕犁，恰好三分②在记。
池面至周有数，每边三步③无疑。
内方圆径若能知，堪作算中第一。

——程大位《算法统宗》

【注释】 ①圆田，即圆形田。②1 亩＝240 平方步，3 分＝3×24＝72 平方步。③唐以后制，1 步＝5 尺。

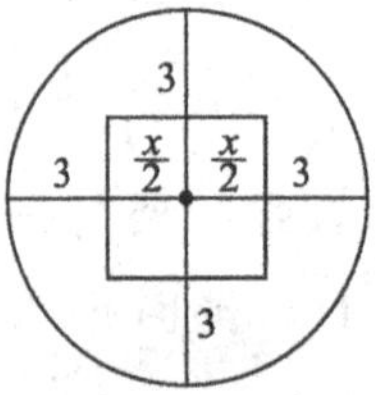

图 3-21

【译文】 有一块圆形的田，中间有一块正方形水池。测量出除水池外圆内可耕地的面积恰好 3 分，从水池边到圆周，每边相距 3 步远。如果你能求出正方形边长和圆的直径，那么你的计算水平就是第一了。

【解法】 如图 3-21 所示，从 $S_{圆}-S_{正方形}$ 得可耕地面积，便可求得圆的直径与内方池边长。

设大正方形边长为 x 步，则圆半径 $r=\left(\frac{x}{2}+3\right)$步，可耕地面积 3 分＝72 平方步，则

$$S_{圆}-S_{正方形}=\pi r^2-x^2=72$$

古时 $\pi\approx3$，得 $3\times\left(\frac{x}{2}+3\right)^2-x^2=72$

解得 $x=6$，　$x=30$（不合题意，舍去）

所以 $$r=\frac{x}{2}+3=3+3=6(步)$$

$$直径=2\times6=12\ (步)$$

答：圆直径 12 步，正方形池边长 6 步。

【探源】 寻觅这道词题的古踪迹，不难发现它出自元代发展了“天元术”（设天元一，相当于今设 x，列出高次方程的方法）的数学家李冶（1192～1279）的著作《益古演段》（1259）卷上第 11 题：“今有圆田一段，内有方池水占之，外计地五千步。只云从外田楞到内池角，

四边各一十五步。问方圆各多少？答曰，外圆径一百步，内方面五十步。”显然，词题与李冶题相似。

【解法一】 （李冶原著解法）设未知数布列方程的古代解法，本书前面未介绍。这里将具有开创性、标志着古色古香的李冶最成熟的天元术解法风采展示一下。采取如下古今对照叙述：

法　曰

立天无一为内方面，

今　译

设正方形 $ABCD$ 边长为 x（图 3-22）。

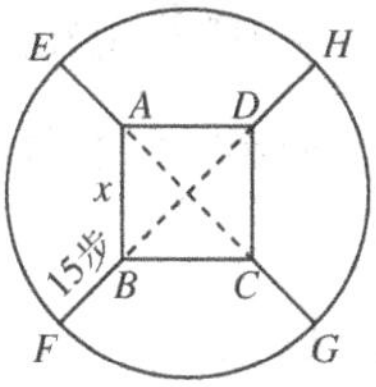

图 3-22

身外加四得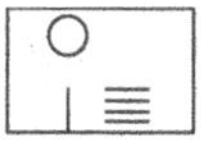为内方斜，又加倍至步，得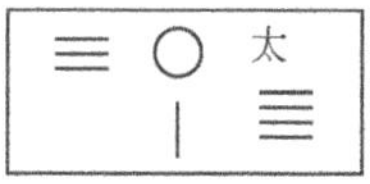为外圆径也。

以 1.4 乘 x，得 $1.4x$ 为方斜，即正方形对角线 AC 的长，加以 AE，CG 各 15 步，得圆田的直径 $EG=1.4x+30$（步）。

以自增乘得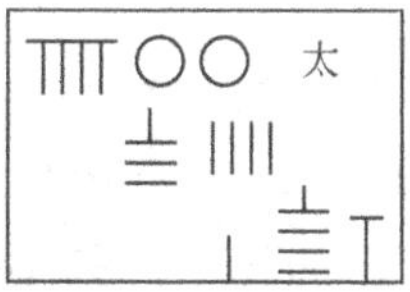为外径幂，以三之，得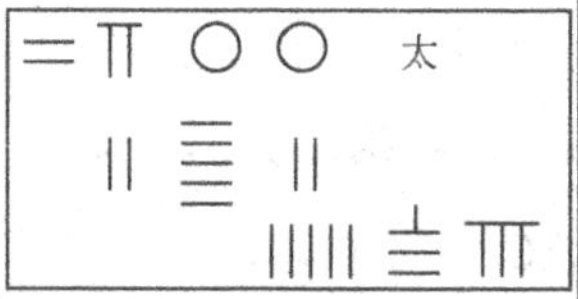为四段外圆积于头。

再立天元内方面，

圆田直径自乘，得外径幂 $(1.4x+30)^2=1.96x^2+84x+900$。

因圆田面积为$\frac{\pi d^2}{4}$，设 $\pi=3$，则圆面积的 4 倍，即四段外圆积 $4\times\frac{3}{4}d^2=3(1.96x^2+84x+900)=5.88x^2+252x+2700$

把此式放在上头。

以自之，又四之，得

为四段方池积也。

又设方池边长为 x，自乘得 x^2 为方池的面积，以 4 乘为四段方池积 $4x^2$。

以减头

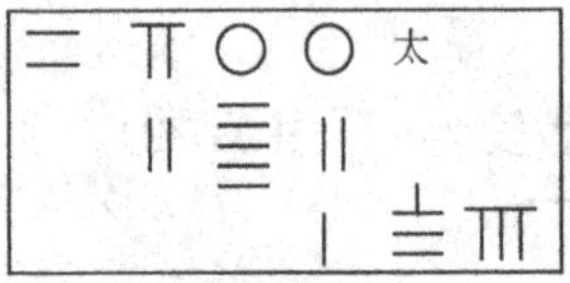

位，余为四段如积数，寄左。

从放在上头的圆田面积的 4 倍数减去方池面积的 4 倍得四段如积 $=2700+252x+5.88x^2-4x^2=1.88x^2+252x+2700$，置于左边。

然后列四之见积二万步，与左相消，得

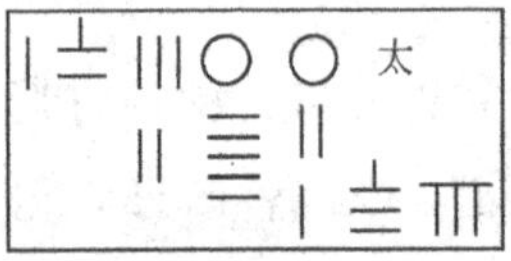

（此乃开方式）

开平方得五十步为池方面也。身外加四，又加入倍至步，即为外田役也。

已知除方池外的田积为 5000 平方步，以 4 乘得四个田积 $=20000$ 平方步，与放在左边的相等式相减得 $1.88x^2+252x-17300=0$，解二次方程 $1.88x^2+252x-17300=0$　　(3-19)

得 $x=50$，即正方池每边为 50 步，又由 $1.4x+30=100$(步)，即圆田的直径。

注：李冶古法“法曰”，仍是古算用文字来解之叙述，对照今译可明白。上面左边的“筹算式”（即长方形框内用算筹符号表示），算筹旁有“太”字表示这项为常数项，有“元”字表示这项为 x 项，个位后的算筹表示小数后之数。用“太”“元”表示，是李冶首创的先进“数学符号”。

【解法二】　（现代解法）李冶古法之理由，可用以下回答：

设正方形池 $ABCD$ 一边为 x，如图 3-22 所示，则对角线 AC 为 $1.4x$（因为由勾股定理，$AC^2=x^2+x^2$，所以 $AC=\sqrt{2}x\approx 1.4x$，此乃古法 $1.4x$ 之理由）。圆田的直径为 $(1.4x+30)$，由题意得方程

$$S_{圆}-S_{正方形}=\frac{3}{4}(1.4x+30)^2-x^2=5000$$

即 $$1.88x^2+252x-17300=0 \quad (3\text{-}20)$$

解之，取正根，得答

内方池一边长 $x=50$(步)

外圆径 $1.4\times50+30=100$(步)

注：显然方程式(3-19)与式(3-20)完全相同。

聪明的古算家，在编撰诗题时，并没有忘记宋元数学家的贡献，将上题改为简明、有趣的词题，这种薪尽火传的精神，可敬、可颂，为了弘扬中国古算，光照后代，数典不忘祖，现代人应该仿效。

李 冶

在前面3.15，重点介绍“李冶与勾股容圆”，这里介绍他的奇闻轶事。

李冶（1192～1279）

李冶原名李治（1192～1279），后来他发现自己的名字与唐高宗（本名李治）同名，为避讳，中年以后改为李冶，仅将三点去一点。李冶原籍真定栾城（今河北省石家庄市栾城区）。自幼酷爱数学，长大后在天文、数学上潜心钻研，独树一帜，著有流传至今的名著《测圆海镜》和《益古演段》等书。我国古代数学的发展，先是文辞代数（用文辞表达），后是符号代数。李冶超过前人，在设定未知数符号及布列方程（即“天元术”）方面作出了贡献。他不愿做官。1257年，元世祖忽必烈多次请他出山，许以高官厚禄，他都谢绝了。后来勉强接受了撰写辽史、金史的工作，但终因徒有铁笔难肩道义，觉言不自主而愤然辞官归隐，在封龙山过着清苦的隐居讲学生活，至死不改初衷。

李冶不满时政，又受身世和时代局限，不可能站到人民一边去反对统治者，采取逃避现实的隐居之路虽不可取，但他谢绝高官厚禄，致力学问的态度则受到世人的赞赏。元朝耶律铸赋诗相赠《送李敬斋行》(即送李冶行，见《双溪醉隐集》卷三)：

一代文章老，素车归故山。
露浓山月净，荷老野塘寒。
茆屋已知足，布衣甘分闲。
世人学不得，须信古今难。

3.23 方形圆径（西江月）

今有方田一段，中间有个圆池。
步量田地可耕犁，十亩无零在记。
方至池边有数，每边十步无疑。
外方池径果能知，到处芳名说你。

——程大位《算法统宗》

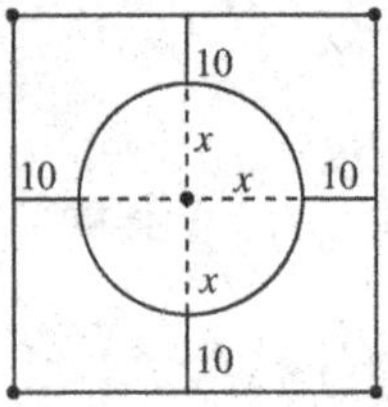

图 3-23

【译文】 有正方形田一块，其正中有一圆形水池，测得水池以外的可耕地的面积恰好 10 亩。圆池的边到正方形田的每边都是 10 步，如果你能求出正方形边长和圆池的直径，那么处处留下你的芳名。

【解法】 （现代解法）如图 3-23 所示，设内圆半径为 x 步，则正方形一边长为 $2(x+10)$ 步，又因为 1 亩=240 平方步，则 10 亩=2400 平方步，由题意得

$$S_{正方形}-S_{圆}=2400$$

即

$$[2(x+10)]^2-\pi x^2=2400$$

古时取 $\pi\approx3$，代入化简为

$$x^2+80x-2000=0$$

解之，得

$$x_1=20,\quad x_2=-100\text{（舍去）}$$

所以正方形边长为 2（$x+10$）=60，内圆直径 $2x=40$。

答：正方形田边长 60 步，内圆直径 40 步。

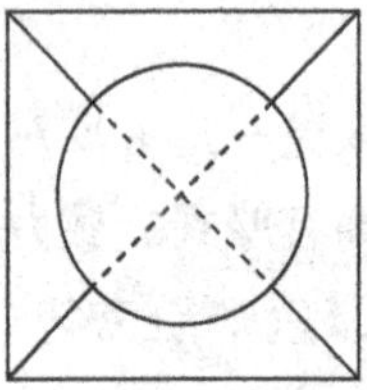

图 3-24

【探源】 对这道词题寻根探源，人们发现元代大数学家李冶《益古演段》卷上第 1 题有类似一题："今有方田一段，内有圆池水占之，外计地一十三亩二分，只云内周不及外方周一百六十八步（意为水池的周长比正方形田的周长少 168 步），问方圆（指正方形田及水池的周长）各多少？"题意明晰，如图 3-24 所示。

【解法一】 李冶著作解法，此略，他的古法之理由，见解法二。

【解法二】 如图 3-24 所示，设圆池周长为 x 步，则外方形周长

$(x+168)$ 步。由圆周长公式 $[C=2\pi r,\ r=C/(2\pi)]$ 可求出圆池半径为 $x/6$(取 $\pi\approx 3$)

因为　　　　　　　1 亩＝240 平方步

所以　　　　　　　$13.2\times 240=3168$（平方步）

根据题意，得

$$S_{正方形}-S_{圆}=3168$$

即

$$\left(\frac{x+168}{4}\right)^2-3\cdot\left(\frac{x}{6}\right)^2=3168$$

化简为

$$x^2-1008x+67392=0 \tag{3-21}$$

解之，得

$$x_1=72,\quad x_2=936\ （舍去）$$

答：圆池周长 72 步，方田周长 240 步。

天元术和演段术

李冶有两部著名著作《测圆海镜》（纯数学专著）和《益古演段》，后一部是隐居卦龙山时写成的，全书 64 题，基本上都是平面图形的面积关系，而解决问题的方法是“天元术”（设天元一，相当于今设 x，列出高次方程的方法）和“演段术”（是一种推导方程的几何方法）两种，他为了说明“演段术”，在书中给出图解（继续刘徽“解体用图”的传统），形象直观，易于理解。这部书于 1913 年由比利时数学家赫师慎（L. Van Hée）译成法文，传播到国外。

李冶的两部数学著作娴熟地运用代数方法解决几何问题，善于用图说明。尤其是《益古演段》将代数与几何、数与形结合起来解决实际问题的方法，继承与发扬了我国古代数学传统，在笛卡儿（17 世纪）建立解析几何（实际是代数与几何相结合的一门学科）之前，他是走在世界数学史前列的人。遗憾的是，长时期以来，我国古算成就，国外了解甚少。近些年来通过英国科技史家李约瑟出版巨卷丛书《中国科学技术》(第三卷为数学)，才被国外逐渐了解。

3.24 圆环求周

一段环田径不知，二周相并最幽微①，

皆知一亩无零积，一百六十不差池。

三般可以见端的，只要贤家仔细推。

——梅瑴成《增删算法统宗》

【注释】 ①“幽微”表示深奥之意。这句话说，“二圆周长之和”是最关键或最深奥的。

【译文】 有一段圆环田的直（半）径不知是多少，已知内外圆周长之和等于 160 步，圆环的面积为 1 亩（=240 平方步）。只要有能力的人仔细推演环田半径及内外圆周长等三项便可知。

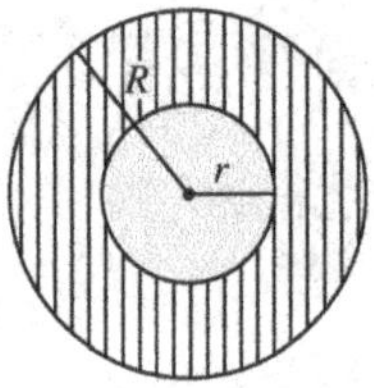

图 3-25

【解法】 这道七言六句诗题的关键是只要利用已知条件，求出圆环内外圆的半径，便可得圆环内外周长，设内、外圆半径分别为 r 步、R 步，如图 3-25 所示，用今式推演。已知环田面积（阴影部分）为 1 亩，即

$$\pi(R^2-r^2)=240\text{ 平方步} \tag{3-22}$$

又知两圆周长之和为 160 步，即

$$2\pi(R+r)=160\text{ 步} \tag{3-23}$$

取 $\pi\approx3$，则

由（3-23）有 $2\times3(R+r)=160$

即 $$R+r=\frac{80}{3}(\text{步}) \tag{3-24}$$

将式（3-24）代入式（3-22），有

$$\pi(R+r)(R-r)=240$$

即 $$3\times\frac{80}{3}\times(R-r)=240$$

所以 $$R-r=3 \tag{3-25}$$

由（3-24）、（3-25）得 $R=14.8$（步），$r=11.8$（步）

所以外圆周长为 $2\pi R=2\times3\times14.8\approx89$(步)

内圆周长为 $2\pi r=2\times3\times11.8\approx71$(步)

答：环田半径为 3 步。圆环田内、外圆半径分别为 11.8 步与 14.8 步，内外圆周长分别约为 71 步、89 步。

【探源】 这道诗题的原形出自《九章算术》方田章第 37，第 38 题。如第 37 题：“今有环田，中周（指内周长）九十二步，外周一百二十二步，径五步。问为田几何。答曰：二亩五十五步”。显然诗题比《九章算术》题复杂一点，可谓“源于《九章算术》，高于《九章算术》”。

《九章算术》第 37 题解法“（环田）术曰：并中外周而半之，以径乘之为积步”（译文：将内、外周长之和的一半，乘以外内半径之差（5 步）即得圆环面积的平方步数）。用现代符号表示，它的解法公式为

$$S=\frac{1}{2}(C+c)(R-r).$$

这里 S 为圆环面积，C 与 c 为外、内圆周长，R 与 r 为外、内圆半径。将已知数代入，将步化为亩，合答。

公式是正确的，原著没有证明，刘徽注时给出了证明，他主要是根据两圆面积之差推证出来的。

3.25 环田求周（凤栖梧）

一段环田余久虑，众说分明亦有谁人悟。
忘了二周併径步，人道二周不及为零处。
七十有余单二步①，三事通知，答曰分明住。
五亩二分无零数②，玄机奥妙堪思慕。

——程大位《算法统宗》

【注释】 ①七十有余单二步，即 72 步。上句与本句之意思是圆环田内外周长之差为 72 步。②本句指圆环田面积为 5 亩 2 分 $=5\times240+48=1248$ 平方步。

【译文】 今有一段圆环田，我久久思索考虑，众说纷纭，有谁知晓，它不知道内、外圆的周长与环径等三项，却给出了内、外周长之差为 72 步，环田面积为 5 亩 2 分，若求出圆环的内外周长的玄机奥妙，他就是我们敬慕的人。

【解法】 本词题与上一诗题一样，都是已知圆环内外周长与面积求其内外周长。解法类似。

设内外圆环田半径为 r，R，已知环田面积为

$$\pi(R^2-r^2)=1248\text{ 平方步} \tag{3-26}$$

内外周长之差为

$$2\pi(R-r)=72\text{步}$$

取 $\pi=3$，则 $$2\times3\times(R-r)=72\text{步}$$

所以 $$R-r=12\text{步} \tag{3-27}$$

将（3-27）代入式（3-26），得

$$12\pi(R+r)=1248$$

即 $$12\times3(R+r)=1248$$

所以 $$R+r=\frac{1248}{36}\approx34.67(\text{步}) \tag{3-28}$$

解式（3-27）、(3-28）得

$$2R=46.67\text{步}$$

所以外周长为 $$2\pi R=46.67\times3\approx140(\text{步})$$

内周长为 $$140-72=68(\text{步})$$

答：圆环田内周长 68 步，外周长为 140 步。

【探源】 这道词题与上道题一样，源于和高于《九章算术》。此不赘述。

数学与诗词

为什么数学家如此喜爱诗词的艺术呢？重要的原因是数学本身与诗词有相通之处，即数学与诗词艺术的对象分别是研究与反映自然界，它们都以现实世界为蓝本进行创造。数学研究思维与诗词的创造性思维都需要灵感思维作为辅助，两者既讲逻辑思维，又要求形象思维，它们可起“互补作用”。

此外，它们共同之处还有看到别人看不到的东西，而且看得更深刻些。当然，诗词侧重研究形式规律，而数学理论也趋于形式化，两种形式虽不同但有共性。

同时，诗词能陶冶数学家的情操，锻炼他们的创造性思维能力；诗词艺术的熏陶能活跃数学家的思想，启迪他们创造灵感，丰富他们的视野，帮助他们解决各种各样疑难问题。

因此，数学家如果心灵上不是一个诗人，那就不可能成为一个优秀的数学家。

数学家埃默森（R. W. Emerson）曾对数学与诗有过精辟的见解："我们没有听说过一个知识面很窄的诗人能写出什么好诗文，也没有听说过一个思想贫乏的数学家能提出什么漂亮的数学问题。一个人，如果他既通晓事物的几何基础，同时又熟悉节日的壮观场面，那么他的诗歌就将更准确，而他的数学研究也就更富有音乐美。"

3.26 古坟占地（双捣练）

长十六，阔十五[1]，不多不少恰一亩。
内有八个古坟墓[2]，更有一条十字路阔一步。
每个墓周六步；十字路阔一步。
每亩价银二两五，除了墓，除了路，
问君该剩多少数？

——程大位《算法统宗》

【注释】 ①十六、十五是指长16步，宽15步。②古坟墓，此指圆形。每一个占地面积都相等。

【译文】 这词题文字不古，通俗明了，不必译了。题意如图3-26所示。

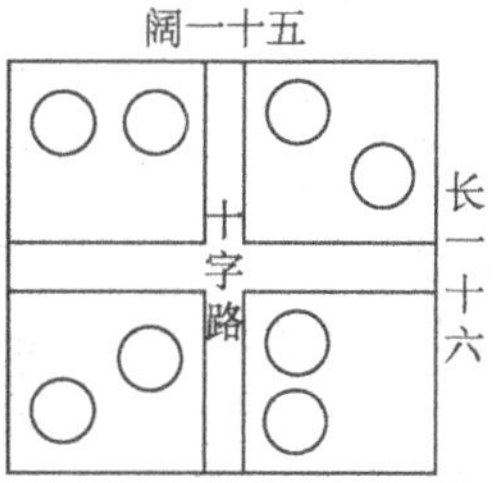

图 3-26

此题是一道计算圆面积和长方形路占田地面积和土地价的几何计算题，依题意，先算路、墓所占地积，再用长方形 16×15 地积减之，即得剩余空地，最后算出土地价。

【解法】 长方形田地有 15×16＝240 平方步＝1亩，8个相等的圆（坟）面积 S_1＋十字路占地面积 S_2＝路、墓占地面积。

十字路占地面积：$S_2=1\times15+1\times16-1=30$(平方步)

墓地面积：因为　周长 $C=6$，所以 $6=2\pi r$

$\pi\approx3$，$r=1$，所以 $S_1=8\pi r^2=8\times3\times1=24$ 平方步

所以路、墓占地面积：$S_1+S_2=24+30=54$(平方步)

化为亩　　　$54\div240=0.225$(亩)

剩地面积：　$1-0.225=0.775$（亩）

因每亩价 2.5 两，所以

$$0.775\times2.5=1.9375(两)$$

答：剩地面积 0.775 亩，合价 1.9375 两。

【探源】 这是古算家根据实际问题编的一道词题。推测看到古代，人死后用坟墓埋葬很普遍，占据了许多良田，为此设题计算。

现代人们认识到，墓葬既不卫生，又占据耕地面积，提倡改革墓葬为火化，火化十分科学、先进。斗转星移，现代人又发觉火葬后的骨灰盒越来越多，难以保存、陈列，又带来保存地方的屋小盒多之难。因此，有识之士生前留下遗嘱，将自己的骨灰撒向大江、大海，使自己的肉体之灰回归大自然。目前有很多人都在以身示范，进行彻底的改革。至今也有少数人，在传统势力和迷信的影响下，坚持旧俗，这是不好的。你看此词题中 8 个墓和路占良田 0.225 亩，要是墓地多，墓穴增加，这是一个可怕的增函数，地球土地有限。

3.27 量田方法

古者量田较润长，全凭绳尺以牵量。
一形虽有一般法，惟有方田①法易详。
若见喎②斜并凹曲，直须裨补③取为方。
却将乘其为田积，二四④除之亩法强⑤。

——元末安止斋和何平子合著《详明算法》(约 13～14 世纪)；
又见明初夏源泽《指明算法》(1439)

注：后来的明代数学家徐心鲁订正《盘珠算法》(1573) 卷之二 (引自《中国科学技术典籍通汇·数学卷》郑州：河南教育出版社，1993 (2)，1153)，有与上面相似的“算丈量田法”诗 8 句。未说出处，但与元末《详明算法》和明初校正本《指明算法》“丈①量田地总歌”仅差几个字，即“一形”改为“二行”，“凹曲”改为“四曲”，“须俾”改为“锥俾”，“取为方”改为“取其方”，“除之”改为“除三”。显然，原著夏源泽的诗题比徐心鲁订正得不仅顺口，而且更合算理。

---

① “丈”，原书误为“文”，依意改正。

【注释】 ①方田，古时是长方形、正方形田的统称。②㖞（音歪，wāi），指歪斜。③此指“割补法”。④“二四”即1亩＝240平方步。⑤此诗题转引自：李俨、杜石然. 1964. 中国古代数学简史（下册）. 北京：中华书局：235。又见李迪. 2004. 中国数学通史（明清卷）. 南京：江苏教育出版社：13。

【译文】 这是一首怎样丈量不规则田地亩积的歌诀。意思是说：古时候是用绳尺丈量地积，量其长与宽，每一种有规则形状的田积丈量，都有一般的方法，尤其是丈量方田的方法很详细。如果是歪斜与凹曲形的不规则图形，采用“割补法”，将不规则图形割补为近似的矩形或正方形，然后用（正）方形面积公式算出田积，再用240除之便得到田积（因为，“亩”是田地面积的单位名称，当时丈量田地的绳尺是以步为单位的，量出步后，还要步化亩）。

【探源】 这是直接出自元代《详明算法》书的诗题，主要介绍古代丈量田地的一般方法而不是一道计算题。

《详明算法》、割补法

《详明算法》是一本初等数学著作，作者写书的目的是让初学者易于初学，算法详明的书。算题内容大都与商业、日常生活有关，诗歌和口诀在书中占有一定定位，原著作者，源于实践，特编诗题主要是增加学习者的兴趣。算法口诀化，诗歌是对各法的概括，是当时一种倾向，就是大众化、歌诀化，是一个时代算风的开始。元末两部著作《详明算法》与贾亨（字季通）著《算法全能集》各有诗歌题19首，本书选介几首。由于古算诗词题与传统文学诗词有一定差别，特别是韵诗“绝句”要求严格，因此，有的古算诗词题一方面要照顾押韵，题意就不易懂，一定要注释才能弄懂；另一方面，有的古算诗词题读起来不太顺口。这就是古算诗词题与传统文字诗词题差异之所在。从本书中，读者会发现这类少数诗词题的。

“割补法”是中华民族很早就使用的一种计算方法，散见于公元前2世纪、前1世纪的《周髀算经》《九章算术》等古书。如赵爽的勾股圆方图注，就是以几何图形的互相移补，出色而简明地证明了勾股定理。又如魏晋时期刘徽证明等腰三角形公式，采用“半广者，以盈补虚为直田也”（《九章算术》方田章第26题圭田术，刘徽注）。意思就是用“以盈补虚”的方法把（等腰）三角形变成一个与它等积的长方形，如图3-27、图3-28，长方形长为等腰三角形之边的一半或底边，其宽为三角形底边上的高或高的一半。

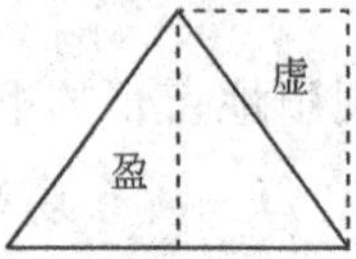

图3-27

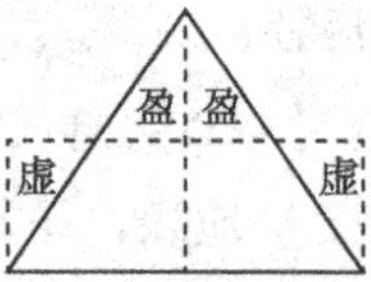

图3-28

我国古代的“以盈补虚”，就是今称的“出入相补原理”。这原理用现代的语言来说就是：一个平面图形从一边移至它处，面积不变；若把图形分割成若干块，那么各部分的面积和等于原来图形的面积（立体图形的情形一样）。所以我国古代的数学计算是有理论的。

3.28 平方带纵

平方带纵法最奇，四倍因积①不须疑，
纵多②自乘加因积，又用开方法除之，
再以纵多并开积，折半方为长数施，
若问阔步知多少，将长减却纵多基。

——程大位《算法统宗》

【注释】 ①因积，指长方形长与宽之积，即长方形的面积。“四倍积步”即四周四个全等的长方形的面积。②纵多，指长方形的长与宽之差。

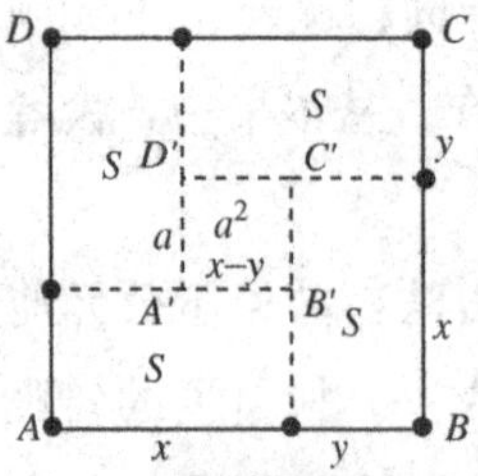

图3-29

【解法】 如图3-29所示，这是程大位一道“归除平方带纵歌”（“平方带纵”即开平方的方法），依据诗歌及图，即是它正方形内已知长方形的面积与长宽之差，求长方形的长与宽公式的推导过程的歌诀。程大位的问题是：“已知长方形的面积（积步），长比宽多（叫纵多，说长比宽多a，即纵多为$x-y=a$），求长方形的长（x）和宽

（y）。”用现代式子表示为，设长方形长为 x，宽为 y，其面积 $S=xy$，则得到他的“归除平方带纵歌”的公式。

今将原文与今式对照译出如下：

原　文	今　译
平方带纵法最奇， 四倍因积不须疑，	古代开平方方法最奇妙，四个长方形面积相等，见图3-29， $4xy=4S$
纵多自乘加因积， 又用开方法除之，	a^2+4S，即 $(x+y)^2=a^2+4S$　(3-29) 将式（3-29）开方，$x+y=\sqrt{a^2+4S}$　(3-30)
再以纵多并开积， 折半方为长数施，	$a+\sqrt{a^2+4S}$ 长为　$x=\frac{1}{2}(a+\sqrt{a^2+4S})$　(3-31)
若问阔步知多少，	因为 $x-y=a$，所以 $y=x-a$ 代入式（3-30）可得，问宽 $y=?$
将长减却纵多基。	将式（3-31）代入 $y=x-a$，得阔（宽） $y=\frac{1}{2}(-a+\sqrt{a^2+4S})$

用上推理便求出长方形长、宽公式。

注：实际上，程大位推导过程与结论，导出了二次方程

$$x^2-ax=S$$

的求根公式（3）

赵爽（3世纪初）

【探源】 古算家这首诗题的依据（推理过程和所得求根公式）来源于赵爽（3世纪初）注《周髀算经》中“勾股圆方图”的一段论文：“其倍弦为广、袤合，令勾、股见者自乘为其实。四实以减之，开其

余所得为差，以差减合，半其余为广。减之于弦，即所求也”。

3.29 平分月饼

三个智叟动脑筋，平分一个大月饼。
仅有圆规和直尺，尺上刻度不分明。
正在为难愚公至，帮助分得均又平。

——中国民间歌谣

【译文】 诗题通俗，不用译文。它主要要求用规尺将不知圆心的圆三等分。智叟与愚公是《列子·汤问》中聪明与愚笨之人。

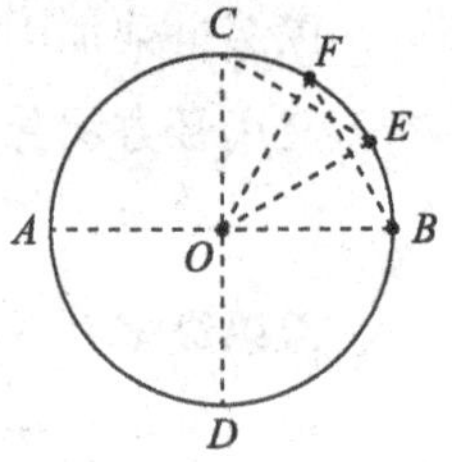

图 3-30

【解法】 作图方法如图 3-30 所示。

(1)（求圆心）用直尺作一直线与圆交于二点，得一弦（图 3-30 未作出），用规尺作此弦的垂直平分线，得一直径，设为 AB，再用规尺作 AB 的垂直平分线，得另一线段 CD，这样 CD 与 AB 是互相垂直的直径，其交点 O 为圆心。

(2) 分别以 B，C 为圆心，以半径 OB 的长在 $\overset{\frown}{BC}$ 上截取 $\overset{\frown}{CE}=\overset{\frown}{BF}$，连接 OE，OF，则扇形面积 BOE=扇形面积 EOF=扇形面积 FOC。

故每人各得大扇形 AOC 和小扇形 BOE 各一块，即每人得 4 个相等的小扇形，这样就分得均又平。

【证明】 如图 3-30，连接 BF，CE，则 $\triangle BOF$，$\triangle EOC$ 均为等边三角形。

$$\angle FOC=\angle BOE=30^\circ$$

所以
$$\angle EOF=30^\circ$$

由此可得 3 个小扇形 BOE，EOF，FOC 的面积相等。

这样的扇形共有 12 个，故每人平均 4 个。

【探源】 这民谣源于作图实践编成，而且用中秋佳节，烘托出找圆心、等分圆的作图方法。现实生活中，是不需要尺规分大月饼的。

限制尺规之因

为什么欧几里得几何作图题要规定只用无刻度的直尺和圆规呢？据数学史料知道，这是古希腊人留下的规定，理由有三：

第一，古希腊数学的基本精神要求最初的假定越少越好，而推出的命题则越多越好。对于作图工具，自然也相应地限制到不能再少的程度。

第二，柏拉图（Plato，公元前427～前347）哲学思想的影响。柏拉图认为，几何学像锻炼身体的体育竞技，必须有种种规则和器械的限制。训练思维的这门学科也应对作图工具有所限制，促使了这种限制的产生。

第三，毕达哥拉斯学派认为，圆和直线是几何学中最基本的研究对象，有了尺规，不仅圆和直线已经能够作出，而且许多相当复杂的图形也能作出来，因此就规定作图只能使用“尺规”这两种工具了。

文学讲究贴切，数学讲求精确，尽管中秋之夜，在月光如水下分大月饼不需要规尺，但欧氏几何从一诞生起，就限制了作图工具。我国古代也有无规矩不成方圆之说，所以平面几何的作图，不能超越规尺限制，否则作图就会一片混乱，“绝对正确”的作图将面临崩溃，“用规尺不能三等分任一角”的真理会突然爆发空前的强烈地震。因此，作图工具的限制马虎不得，再说“工欲善其事，必先利其器”。

我愿读者，中秋佳节“天上一轮才捧出，人间万姓仰头看”时，大家伫望在月辉里，沐浴在月光下，思维神游于人间仙国、星辰天宇之间，不要忘记玩味这首诗歌。尽管在赏月时，如水似银的月辉最勾人魂魄，撩人心弦，最令人神往那深邃的天宇苍穹——云汉天床，致人醉意忘归，获得天文之趣之同时，也应该俯首静思：作图工具的限制、找圆心、等分圆周等几何作图之乐趣。

3.30 用矩之法

平矩①以正绳，偃矩②以望高。

覆矩以测深，卧矩以知远。

环矩以为圆，合矩以为方。

——商高（载《周髀算经》卷上）

【注释】 ①“矩”是由长、短两尺成直角组成的一种“方尺”。尺上有刻度，也是现代木工常用的一种画线（包括直角）和检查直角正确与否的工具。“矩”又叫弯尺、曲尺或矩尺，如图3-31所示。“平矩”

就是把矩放平。②“偃”即仰，也就是把矩立起来。

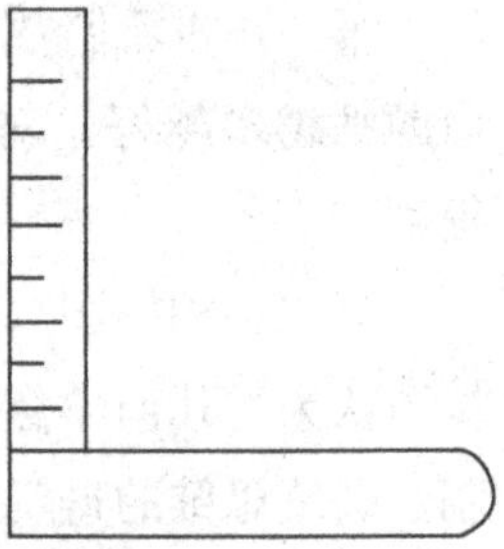

图 3-31

【译文】 把矩放平了，用矩的一边可以测量水平和铅直方向的线是否为直线；把矩的一边垂直立起来，就能够测得高度；把矩的一边垂直向下，可以测深度；把矩平放着，可以测远近（这里测高、测深、测距的原理都是利用相似的直角三角形对应边成比例测算的）；将矩环转一圈便成圆形；将两矩合起来便得方形。

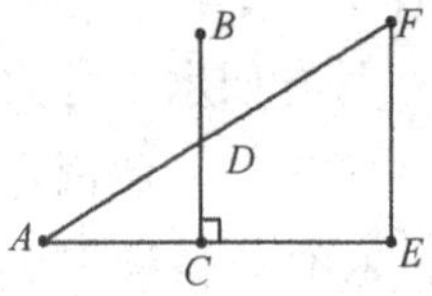

图 3-32

注：这首题的前四句叙述用矩测量的方法，后两句则说明圆与方的形成。

【解法】 诗题中所说测法理论。就是今天中学平面几何中相似三角形的性质原理，见图 3-32，测高的方法理论为：

若把曲尺一边 AC 放平，即与水平位置 AE 重合，与另一边 BC 垂直，从 A 点望高处顶端 F，视线 AF 与 BC 相交于点 D，则

$$\triangle ACD \backsim \triangle AEF$$

所以

$$\frac{AC}{CD}=\frac{AE}{EF}$$

高

$$EF=\frac{CD\times AE}{AC}$$

测量家商高、伏羲

商高（公元前 1100 年左右）是我国第一个测量家，又是我国最早发现勾股定理特例的数学家。上述方法是公元前 12 世纪提出来的，原文载我国最古老的天文数学书《周髀算经》的首页“周公问数”上。

约在公元前 12 世纪，周朝政治家周公（姓姬名旦，周武王之弟），为了巩固周朝的统治，他知道需要很多科学技术知识，首先他考虑到确定“天高”（天有多高）的问题，这涉及测量知识。于是他拜访请教知名学者商高，问道：“窃闻乎大夫善数也，请问古者包牺立周天历度，夫天不可阶而升，地不可得尺寸而度，请问数安从出?”商高回答说：“数之法出于圆方。圆出于方，方出于矩，矩出于九九八十一。故折矩，

以为勾广三，股修四，径隅五……故禹之所以治天下者，此数之所生也。”

【译文】 周公问商高：“我很早听说大夫您的数学造诣很深，请问古时包牺是怎样测定天文和制定历法的？天没有台阶供攀登上去，地又不能用尺子去度量，请问天有多高，地有多大，这数从哪儿来的？”商高回答说：“数是根据圆形和方形的数学道理计算得来。圆来自方，而方来自直角或直角三角形。直角或直角三角形是根据数学法则计算得出来的。将一线段折成两段，围成一直角三角形，一直角边（勾）为三，另一直角边（股）为四，则斜边（径即弦）就是五……故水利专家大禹治理大水时，就是利用了 3∶4∶5 的原理构造直角三角形进行测量而获得相关数据的。”

伏羲又叫包牺或皇羲等（传说是最早的三个皇帝之一），他是后人想象的科学家，被认为是我国历史上第一个杰出的数学家，被称为“数学之神”。人们纪念他首开数学之门，为他塑像。如保留至今的山东嘉祥县汉武梁祠石室造像（建造于公元 129～147 年之间）。“伏羲氏手执矩，女娲氏手执规”及“伏羲氏手执矩”两处浮雕画像是蛇身人面。据说女娲是伏羲的同父异母的妹妹和妻子，也为人民建设事业做了许多好事，因而受到人们的歌颂。

规，就是圆规。矩的使用，是我国古数学的象征，它不但可以用来画直线，作直角，而且可以测量，好似万能工具。甲骨文也有规矩二字，“规”字写作“”（像人执规画圆弧。右边表示人，左边表示规与弧）；“矩”写作“”。后来矩演变为曲尺形。规矩可能起源于大禹治水（约公元前 2000 年）以前。《史记》卷二《夏本纪》记载禹治水时“左准绳，右规矩”（左手拿着测量的绳子，右手拿着圆规和矩尺）。矩的应用的理论，就是商高发明的“勾股术”（即勾股定理特例）。“规矩”一词，至今已成为我国人人皆知的一句口头禅了。例如“要懂规矩”“要有个规矩才行”“要守规矩”“没有规矩，不成方圆”（由《孟子》卷四“不以规矩，不能成方圆”而来）。

《周髀算经》记载说，周公听完商高介绍“勾股术”之后，不禁惊叹：“大哉言数！请问用矩之道”（意思说，数学实在了不起啊！那么，怎样使用“矩”呢？），于是商高就用本节开头六句话概括出“用矩之道”。

商高善于灵活用矩，使数与形紧密地结合在一起，理论与实践紧密地结合在一起，充分体现了我国古代数学的独特风格，发挥了我国古代数学的优良传统，无怪乎周公最后赞扬说：“善哉!”（这实在是太奇妙了!）

测量技术后来在《九章算术》及刘徽注中，又进一步得到迅猛发展，尤其是刘徽在《九章算术注》的附录中，编著了9个难度很大的测量问题及证明，命书名为《海岛算经》，因而后人称赞刘徽著《海岛算经》使我国的测量计量技术达到了空前水平。在今天看来，它仍是我国测量学中光辉的一页。

3.31 日影测量

今有一旗杆，不知长与短。
日影来测量，便知高与矮。

——清朝《数理精蕴》载《数学诗歌题解》

【译文】 今有一旗杆，不知它的高度，现用日影来测量，问怎样测量，可知旗杆的高？

【解法】 这里将原术文与今译对照，让读者再一次目睹清代数学风采。

原术文	今译
法以先立一表长五尺，看影长几尺，如得四尺，同时看旗杆影长为几尺，如得二丈四尺。	方法是，如图3-33所示，先立一根5尺的标杆 DE（原书用中国文字甲、乙、丙、丁而未用符号 A，B，C，…表示），若量得其影长 EF 为4尺，在同一时间若量得旗杆 AB 的影长 BC 为2.4丈，即24尺。

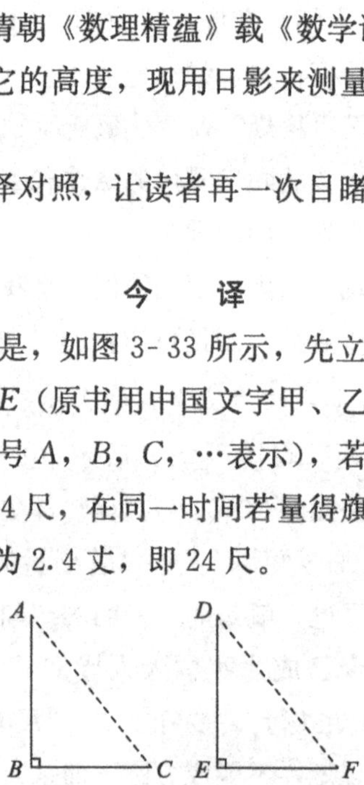

图3-33

原术文	今译
乃以表影长四尺为一率，表高五尺为二率，旗杆影长二丈四为三率。	就以标杆影长4尺作为第一比例项，标杆

求得四率三丈
即旗杆之高也。

长 5 尺为第二比例项，旗杆影长二丈四尺即 24 尺为第三比例项。

设第四比例项为 x，可得

$$x=\frac{5\times 24}{4}=30$$

即所求旗杆的高为(30 尺) 3 丈。

【探源】 这诗题源出清代《数理精蕴》(1723) 中一题“设如有一旗杆，不知其高，用日影测之，问高几何?”这是讲怎样用日影测量底部可到达的物体高度的一种方法，术文还推证得出一种这类测高的计算公式：

$$\text{旗杆高}=\frac{\text{标杆长}\times\text{旗杆影长}}{\text{标杆影长}}$$

其推算理论原书叫“同式勾股形”，即今称“相似直角三角形”。如图 3-33 所示：

因为 $\mathrm{Rt}\triangle ABC\backsim\mathrm{Rt}\triangle DEF$

所以 $EF:BC=DE:AB$

设旗杆高 AB 为 x 尺，则

$$4:24=5:x$$

所以 $$x=\frac{5\times 24}{4}=30$$

答:所求旗杆的高为 (30 尺) 3 丈。

《数理精蕴》与康熙

测量技术从我国夏、商周时代直到清代，都继承和发扬下来了，说起清代这本《数理精蕴》，它被今人称为“数学百科全书”，无不与清朝的康熙皇帝息息相关。

康熙皇帝即爱新觉罗·玄烨（音业，yè）(1654～1722)。他 8 岁登基，在位 61 年，在巩固清王朝的统治和发展方面起过比较重要的作用。康熙皇帝“上万几之暇，专心学问，好量法、测算、天文、形性、格致诸学”。一个封建皇帝，不仅热心支持科学研究工作，而且花费不少时间带头学习天文历法、数学等自然科学知识，这在中国历史上是少见的。据当时担任教师的外国人白晋（J. Bouvet，1656～1736）等回忆说，这位皇帝学习数学，并不满足于定理、法则的掌握，还十分重视应用：“皇上认真听讲，反复练习，亲手绘图，对不懂的地方立刻提出问题，就这样整整几个小时和我们在一起学习。”他还亲自在宫中为皇妃、皇孙们讲授几何。可以说他是我国有数学素养的封建帝王。

《数理精蕴》是一部数学著作，共53卷，在康熙皇帝主持下由梅瑴成、陈厚耀、何国宗等主编《律历渊源》100卷的第三部分。《数理精蕴》汇集了自1690年以后传入中国的西方数学知识，并吸收了当时中国数学家的一些研究成果，是一部总结性的数学百科全书。由于它以康熙御制的名义发行全国，因此流传很广，对18世纪和19世纪中国数学的发展影响很大，掀起了当时数学研究的高潮，在相当长的一段时间内，此书一直是学习和研究数学的必读书和重要参考书。

康熙皇帝一生的贡献很大，是一个被后人肯定与称赞的封建皇帝，他青年时励精图治，但老年时也犯了一些错误，最著名的要算“妃子一笑守寡”的逸事。

晚年，康熙皇帝头发花白，牙齿已松动脱落。但他人老心不服老，听到人说他“老”就不高兴，所以左右的臣子特别忌讳说“老”一类的字眼。康熙皇帝为了显示自己还年轻有活力，常常率领皇后、妃子们去御苑猎取野兽、钓鱼取乐。有一次，他去湖上垂钓，不一会儿，鱼竿一动，康熙连忙举起钓竿，只见钩上钓着一只老鳖，心中好不喜欢。谁知刚刚拉出水面，只听“扑通”一声，鳖却脱钩掉到水里跑掉了，康熙长吁短叹连叫可惜。在康熙左边身旁陪同的皇后闻听连忙安慰说：“看光景这只鳖是老得没有门牙了，所以衔不住钩子了。”这时，旁观的一个年轻妃子见状忍不住大笑起来。康熙见了不由得龙颜大怒，他认为皇后说的是言者无心，而那妃子则是笑者有意，是含沙射影，笑他没有牙齿，老而无用了。回宫之后，康熙下了一道谕旨，将那妃子打入冷宫，终身不得复出。至此这个妃子才深感后悔。

3.32　测量塔高

今有一座塔，底部不能达①。

日影怎测量，便知高矮塔。

——清朝《数理精蕴》载《数学诗歌题解》(1997)

【注释】　①这句话指被测量的塔，因有障碍不能直接量出测者至底部之间的距离。

【译文】 有一座底部不能到达的塔，不知它的高度，现用日影来测量它，问怎样测法？可知塔有多高？

【解法】 将古今测量方法与计算对照如下：

原术文	**今 译**
法先立一表长六尺，影长四尺，同时看塔影至记之。阅时看表影长五尺，塔影比先所记之处长几尺，如得八尺。	方法如图 3-34 所示，先立一根长 6 尺的标杆 $A'B'$，量得标影长 $B'C'=4$ 尺，在同一时间将塔影 BC 所到之处作一记号。这一时刻量得标影 $B'D'=5$ 尺，量得塔影比先前所记 C 处长 $CD=8$ 尺。
乃以表影差一尺为一率，表高六尺为二率，影差为三率。	以标杆影差 $B'D'-B'C'=C'D'=1$ 尺为第一比例项，杆长 $A'B'=6$ 尺为第二比例项，将塔影差 $CD=8$ 尺为第三比例项。
求得四率四丈八尺，即塔之高也。	设第四比例项为 x，可得 $C'D'=A'B'=CD=x$，$x=\dfrac{6\times 8}{1}=48$，即塔高(48 尺) 4 丈 8 尺。

【探源】 这诗题出自《数理精蕴》书中的一题："设如有塔一座，不知其高，亦不知其远，用日影测之，问塔高几何?"

根据原术文，对于底部不能达到的物体高度的测量这一类问题，推证出了一个公式：

$$塔高=\frac{标杆长\times 两次塔影长之差}{两次标杆影长之差}$$

证明如下，见图 3-34。

因为 $\triangle A'C'D' \backsim \triangle ACD$

所以 $A'C' : AC=C'D' : CD$ (3-32)

又由 $Rt\triangle A'B'C' \backsim Rt\triangle ABC$

所以 $A'B' : AB=A'C' : AC$ (3-33)

由 (3-32)、(3-33) 可得

$A'B' : AB=C'D' : CD$

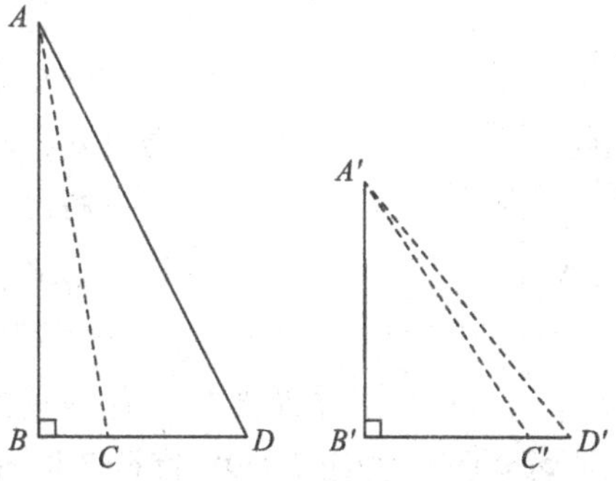

图 3-34

所以
$$AB=\frac{A'B'\cdot CD}{C'D'}$$

设塔高 AB 为 x 尺，则根据题意，得

$$6:x=1:8$$

所以
$$x=\frac{6\times 8}{1}=48$$

答:塔高（48尺）4丈8尺。

三角学测量之始

我国古代传统的利用相似原理测量“底部不可达到的物体”问题，在今天的《几何》课本里处处可见。追根溯源，仍是从古老数学《九章算术》起源而来，当然，国外三角测量学最早的要算古希腊数学鼻祖、论证几何的创始人泰勒斯。他是古希腊一个腰缠万贯的大商人，但他把毕生的金钱、时间和精力全部奉献给科学事业。他死后，人们赞扬这位古希腊“科学之父”，在他坟墓的雕像上镌刻着：

米利都的泰勒斯长眠在这块养育过他的土地上，
他是一位贤者，
又是一位天文学家。

（引自《古希腊罗马哲学》一节，第3页）

他的墓碑上，人们又写上歌颂他的碑文：

这位天文学始祖之墓虽然不甚宏伟，
但在日月星辰的王国里，
他顶天立地，
万古流芳。

3.33 方城边长

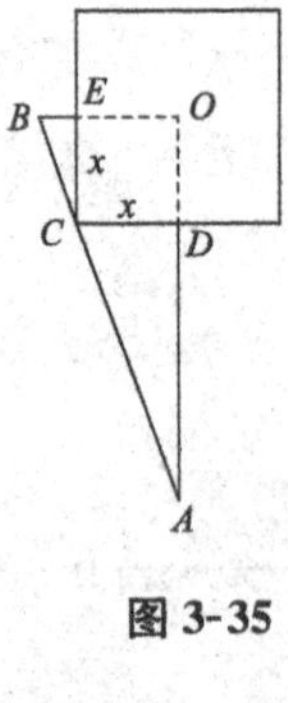

今有一座古方城，四面正中都开门。
南门直行八里止，脚下有座塔耸立。
又出西门二里停，切城角恰见塔形。
请问诸君能算者，方城每边长是几？

——清朝《数理精蕴》载《数学诗歌题解》

【译文】 有一座方城，四边正中都开门（图3-35），从南门（D）直行8里有一座塔 A；出西门（E）直行2里（EB），切城角（C）看见这座塔。问这座方城每边长多少？

图3-35

【解法】 将原术文与今译对照如下：

原术文	今译
法以西门外二里与南门外八里相乘得十六里。	$2\times8=16$(里)
开方得四里，	$\sqrt{16}=4$(取正)
倍之得八里，即为城每面之数也。	$4\times2=8$(里)就是所求城墙每边的里数。

【探源】 这首诗题源自《数理精蕴》中一题："设如有方城一座，四正有门，自南门直行八里有一塔，自西门直行至二里，切城角亦望见塔，问城每面几何？答曰：八里。"

这题术文同上"原术文"。理由书上未写出，我们补出。这是根据直角三角形相似原理来解的。设方城每边里数的一半为 x，如图 3-35 中 $CD=CE=x$，则 $\mathrm{Rt}\triangle ADC\backsim\mathrm{Rt}\triangle CEB$，

所以 $$AD:CE=CD:BE$$

即 $$8:x=x:2$$

$$x^2=8\times2$$

所以 $$x=\sqrt{16}=4(\text{取正})$$

故 $$4\times2=8(\text{里})$$

答：方城每边长 8 里。

我国古代，为了防御外敌侵入，大多是修筑古色古香的城池。城墙的砖砌得厚而高，还在城墙外深挖壕沟，正如北宋曾公亮《武经总要》(1044) 说："作四门……城外凿壕，去城约三十步。上施吊桥。壕之内岸筑羊马城，去大城约十步。"，入侵者一般是不容易攻入的。现代人对这类城池的建筑感到不可思议，在当时却十分有效地防御了外敌入侵。

3.34 编造幻方

九子斜排，上下对易，
左右相更，四维挺出。
戴九履一，左三右七，
二四为肩，六八为足。

——杨辉《续古摘奇算法》

【注释】 这是一种三行三列幻方生成法和最后布局的四言八句口诀。它在一个正方形内的 9 个小正方形（方格）中填着 1～9 共 9 个数，且每行、每列、每条对角线上的 3 个数之和都等于 15。像这种正方形叫做“九宫算”或“三阶幻方”或“纵横图”。

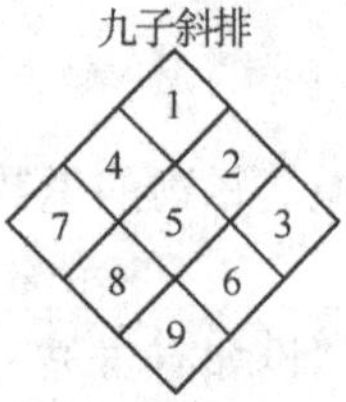

图 3-36

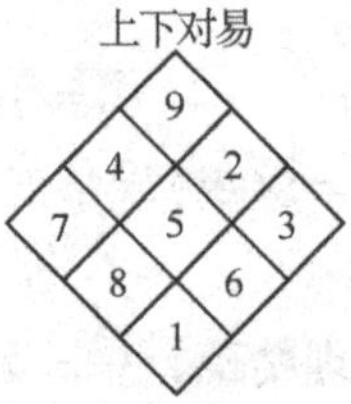

图 3-37

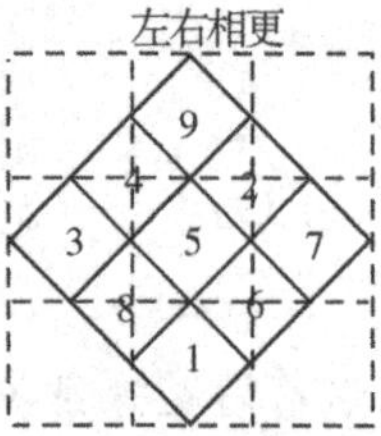

图 3-38

四维挺出

4	9	2
3	5	7
8	1	6

图 3-39

【译文、生成方法】 怎样往方阵里填进这些数呢？1275 年，南宋朝大数学家杨辉在《续古摘奇算法》二卷中用上述口诀介绍了编制 3 行 3 列（简称三阶）幻方的规则（方法）。

第一句说：先将 9 个数按序斜排，如图 3-36；

第二句说：上下对调，即把 1 与 9 对调，如图 3-37；

第三句说：左右互换，即把 7 与 3 互换，如图 3-38；

第四句说：四面中间的数（2，4，6，8）向外挺出就生成图 3-39 的最后形式了。

第五～八句的意思，如图 3-39 是三阶幻方最后一种布局口诀。

图 3-39 还有别的形式，仔细观察、研究，只不过是图 3-38 的变形（读者自己发现），见图 3-40～3-42。

2	7	6
9	5	1
4	3	8

图 3-40

2	9	4
7	5	3
6	1	8

图 3-41

4	3	8
9	5	1
2	7	6

图 3-42

注：三阶幻方的数量有多少种形式，因它的纵、横、斜线上三数之和相等（等于 15）。比较容易推算它只有 8 种可能（四阶幻方可能有 7040 个形式，五阶以上幻方的数量尚未有确切答案），即

$$1+5+9=15,\quad 1+6+8=15$$
$$2+4+9=15,\quad 2+5+8=15$$
$$2+6+7=15,\quad 3+4+8=15$$
$$3+5+7=15,\quad 4+5+6=15$$

仔细研究发现 8 个等式中的特点：奇数 1，3，7，9 各出现 2 次，偶数

2，4，6，8各出现3次，奇数5出现4次。这样，编制的三阶幻方，只能将5放置于中间方格，1，3，7，9只能放在靠边的四个中央方格中，将2，4，6，8分置于四角。“因此，三阶幻方只有一个基本形式，通过方阵旋转与反射，可得8种变形，但它们其实都是同构的”（吴鹤龄，好玩的数学——娱乐数学经典名题，北京：科学出版社，第66页）。

【探源】 这是三阶幻方生成与布局口诀，源自杨辉《续古摘奇算法》二卷中。

幻方简史

幻方的历史久远，至迟在汉代（公元206～公元220）就有了三阶纵横图，最早还可追溯到公元前11世纪的西周。

最早的幻方就是我国古时候的“洛书”如图3-43，即“九宫图”，又称“纵横图”，西方称为“幻方”或“魔方”，日本称为“方阵”。

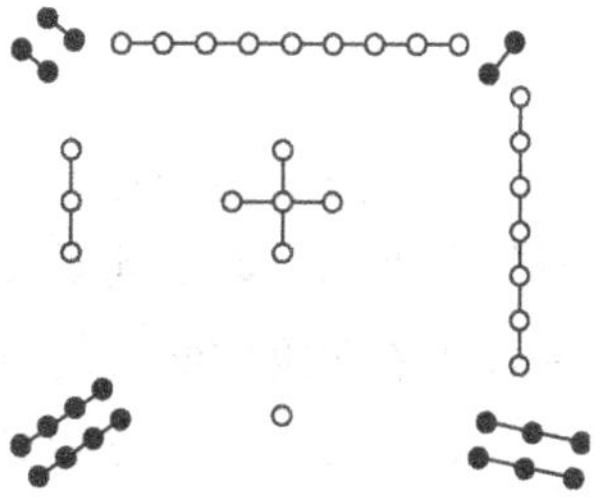

图3-43 洛书

《周易》（公元前11世纪）一书中，曾流传一则神话：传说夏禹治水（公元前23世纪），在洛水（即今陕西省境内的洛河）里浮出一只大乌龟。龟背上有图形，后来的人把它叫做“洛书”，如图3-43（它就是图3-39的三阶幻方，空心、实心圆圈数代表方格中数字）。这图的出现象征着吉祥的开始，此乃“龟马呈祥”。起初人们无法解释，便编成上述神话，后来被有些人附会到了封建迷信方面上去，流传后世。这显然是把数学神秘化得故弄玄虚，不足为凭。

《周易·系辞传》（公元前11世纪）书中有“河出图，洛出书，圣人则（效法）之”（意思说，大禹治水时，黄河中跃出一匹龙马，驮着一张河图，从洛水中浮出一只大龟，背着洛书，有学问的人就效仿它们来治理天下（或献给大禹治理天下）。

其实，将洛书图与数最早联系起来的是庄子[①]，就是今称“纵横

① 庄子，姓庄名周，宋国蒙县（今河南商丘东北）人，活动年代约为公元前369～前286年（说法多种），道家老子的继承人，是中国古代具有数学知识的哲学家，其哲学思想源于老子。

图”的一种原始形式。最早的文字记载见于先秦古书《大戴礼记》（公元前2世纪）中。汉代徐岳（3世纪）把它叫“九宫算”。南宋杨辉（公元13世纪）深入研究了多种纵横图，并对其生成规律有所概括。因此，幻方是我国发明的，至今有三千年左右历史。

我国后来历代数学家对幻方都进行过深入探讨。如公元6世纪北周数学家甄鸾注《数术记遗》中研究过“九宫算”，为便于记忆，他对图3-39写道：“九宫者，二、四为肩，六、八为足，右七、左三，戴九履一，五居中央”。约公元4世纪的晋人程子华则写道：“二与四抱九而上济，六与八滔一而下沉，戴九而履一，据三而持七；五居中宫数之所由生”。新奇美妙的三阶幻方，深得人民喜爱，民间编有歌诀形容它，如图3-43所示。

四海三山八洞山，九龙五子一枝莲。

二七六郎赏月半，周围十五月团圆。

到了南宋的杨辉，在《续古摘奇算法》（1275）中，开始把“纵横图”作为一个数学问题加以研究，他所研究过的某些幻方十分复杂，被誉为从数学角度研究幻方第一人。后来程大位在1593年继续杨辉的研究，最后认为，幻方需要把n^2个连续的自然数填入在n^2个格子中，使纵、横、斜线上诸数之和相等，是一个巧妙的数学问题。后来人们找到了求这个“和”的公式，即设幻方的阶数为n，所求的和数N_n，则

$$N_n=\frac{1}{2}n(n^2+1)$$

如三阶幻方，$N_3=\frac{1}{2}\times3\times(3^2+1)=15$。

幻方在古希腊出现过，但比我国晚了2个世纪。在欧洲到14世纪才开始研究。如中世纪的印度和欧洲，一些少女爱在胸前佩戴一个三阶幻方，把它当作护身符，用以驱邪避灾，故将幻方称为“魔方”，这是带有迷信色彩的无稽之谈，直到今天还有人在研究它。计算机技术的迅速发展，给这个古老的题材注入了新鲜血液。

今天的幻方越来越多，已经十分深奥了。一个古老命题有了新突破，我国这一古老的文化珍品，焕发出新的更加夺目的光彩。

现在借助计算机已能快速排出所有阶数（除二阶不存在外）的幻方，因此，所谓找到了当今阶数最大的幻方的报道是没有什么意义的事。虽然如此，已有的各种编制方法尚不能保证做出该阶数的所有幻

方。是否存在一种通用方法，能做出任意阶数大于 2 的所有幻方，这是目前尚未解决的问题。

幻方最初是一种供娱乐的数学游戏，后来，数学家发现它有很多实际运用，如对解方程组是有用的理论，从而逐渐获得纯数学理论的意义。这就是说，一种游戏的理论化往往形成很深的数学问题。

幻方源于游戏，受惠于纯数学，更落脚于应用。

近代研究发现，幻方在组合分析、程序设计、对策论、图论、人工智能方面大有应用价值。

如果把物质及其在空间分布平衡的原理叫做幻方原理，那么幻方原理在航运、建筑以及海上浮城（建造在海上的浮城）规划等方面也可以找到它的应用。

幻方原理对于社会平衡（特别是经济运动平衡）、生态平衡将是一个启示。这就是四千多年以前，我国传说："河图洛书都包含了治理国家的大道理"。

当今，有关幻方的传闻趣事很多，例如，有人发出奇想：为了探索别的星球上是否有生命，1977 年，美国发射能飞出太阳系的飞船"旅行者" 1 号与 2 号。飞船上有照片、音乐、录音，勾股定理及一幅用点表示数的四阶幻方图。是否能让外星人认出这是地球人类智慧的表现。

看来，幻方的广泛应用还有待发掘。我国这一古老文化珍品，在更多的应用领域放射光芒。

3.35 铺金问积

皇城内，丹墀①中，
周围有八里，铺金②二寸深。
方寸③十六两，称来有一斤，
不知多少数，特来问缘因。

——梅瑴成《增删算法统宗》

【注释】 ①墀（音迟，chí），意为台阶上面的空地，又指台阶。"丹墀"指红色台阶。②铺金，指铺地的金砖。"金砖"原称为"京砖"，大约在元代开始制作与使用的一种铺地砖。由于制作这种正方体的京砖，从选料到烧制完成需要一年多的时间，费用昂贵，加之这种砖只用于皇宫铺地，十分精贵，像金子般贵重。因此后来称为“金砖”。所以，金砖并不是用金铸制成的。③古代的方寸指平方寸或立方寸，此指后者。

【译文】 皇城内有一正方形的红色台阶，周长 8 里。若要用金砖铺满台阶，砖深（高）2 寸，已知 1 立方寸金砖重 16 两（旧制 1 斤）。试问铺满台阶的金砖总重量是多少斤？并说明其理由。

分析：已知所铺金砖为一个正方体。已知正方形地周长 8 里，铺金砖深（高）2 寸，则可求出其体积。再根据物体质量＝体积×密度，便可算出所铺金砖质量了。这里“密度”指每 1 立方寸金砖重 1 斤。

【解法】 因正方形红色台阶周长 8 里，则可得正方形边长 8÷4＝2（里)＝2×360＝720（步）＝2×360×5＝3600（尺）＝36000（寸)，则

正方形面积＝36000×36000＝1296000000(平方寸)

又因铺金砖深（高）2 寸，故

台阶所铺金砖体积＝1296000000×2
＝2592000000(立方寸)

已知 1 立方寸砖重 1 斤（密度)，则

台阶所铺金砖重量＝2592000000×1
＝2592000000(斤)

答：铺金砖总重是 25 亿 9 千 2 百万斤。

【探源】 寻觅此诗题编自何处，我们看到元代数学家朱世杰（13 世纪末 14 世纪初）著《四元玉鉴》（该书首创“四元术”，即解四元高次联立方程组消元法）卷中之六“或问歌象”（共有 12 个诗题）第 8 题（此引自《万有文库》，1937 年版）意思相似，第 8 题是

方城里周六十四，假使金砖遍铺地。
每条均铸厚一寸，长阔相和恰一尺。
寸金十五两为法，尚带零铢一十八。
每砖计重十七觔①，一十五两六铢答。
七丝二黍在其中，共是一砖之重率②。
长阔金砖用几何，恼得先生没乱杀。

——朱世杰《四元玉鉴》(卷中第 8 题)

①这里“觔”即斤。1 斤＝16 两，1 两＝24 铢，1 铢＝10 丝，1 丝＝10

黍。②1金砖重17斤15两6铢7丝2黍＝17×16×24铢＋15×24铢＋6＋0.7铢＋0.02铢＝6894.72铢。

答曰：阔二寸四分，长七寸六分，砖四十五亿四千七百三十六万八千四百二十一枚一十九分之一枚。

【译文】 有一正方形城的周长为64里，假设让它铺满金砖。每块金砖厚（高）1寸，其长阔之和为1尺。1立方寸金砖重15两18铢，每块金砖重6894.72铢。试问所铺金砖的长、阔、总共砖数和总砖重各是多少，这道难题弄得先生没有办法。

注：朱世杰《四元玉鉴》原术文（算法）是："术曰，立天元一为砖阔，如积求之得一十八寸二分四厘为正实，一十寸为益方，一寸为正隅，平方开之得砖阔。求砖数者以寸亩法，通城积为实。以一砖之积寸法，实如法而一，不尽约之为分合问。"

因原术文文字久远难懂，加之此术文省略了许多演算过程，令后人难以理解。清朝数学家罗士琳对《四元玉鉴》补写了详细的算法推演过程，即"草曰"。我们将他的"草曰"放于本节的后面。有兴趣的读者对照一下罗士琳细草，便可了解朱世杰上面"术曰"(算法)。

【解法】 罗士琳解法，用现代符号、式子表达：

设一砖宽为x寸，则长为（$10-x$）寸。砖厚（高）1寸，则一枚（块）金砖体积为$(10-x)\cdot x\cdot 1=10x-x^2$；

又因1立方寸金砖重15两18铢＝15×24＋18＝378（铢）。

1金砖重＝6894.72铢，则一块金砖体积为

$$6894.72\div 378=18.24(\text{立方寸})$$

由上可得 $10x-x^2=18.24$

解一元二次方程，得

$$x_1=2.4,\quad x_2=7.6$$

故1块金砖宽2.4寸，长7.6寸。由此可知长方形砖的面积为

$$2.4\times 7.6=18.24(\text{平方寸})$$

又因为 1里＝360×50＝180000（寸）

所以方城周长64里，则正方形每边长

$$64\text{里}\div 4=16\text{里}=16\times 360\times 50=288000(\text{寸})$$

则方城面积为

$$288000\times 288000=82944000000(\text{平方寸})$$

方城铺金砖总数为

$$82944000000 \div 18.24 = 4547368421\frac{1}{19}(枚)$$

方城铺金砖总重量为

$$82944000000 \times 1 \times 378 = 31352832000000(铢)$$

又因为　　　$1斤=16两=16\times 24=384$（铢）

则方城铺金砖总重量可折合为

$$31352832000000 \div 384 = 81648000000(斤)$$

答：每块（枚）金砖宽 2.4 寸，长 7.6 寸，金砖总数为 $4547368421\frac{1}{19}$ 枚，总金砖重为 81648000000 斤。

细草、罗士琳

为了一睹清代罗士琳原汁原味的细草，现将他撰写的罗士琳补草《四元玉鉴细草》（中）（1834）的原文抄录于下，上面本题译文基本上与“细草”内容相似。可以看到两代人叙述解法的不同风格。“细草”就是具体推理演算过程（括号内为我们解释）。

“草曰，立天元一（即今设未知数 x）为砖阔，以减长阔和一尺得丨〇丅（即 $10-x$，‘〇’为圆圈，下同。‘丅’为 $-x$）为长，桒（同‘乘’）厚一寸仍得丨〇丅，又以天元桒之得太丨〇丅（即 $10x-x^2$）为砖积寄左。乃以金重率十五两化作三百六十铢加零铢十八得三百七十八铢为寸重，以每砖十七觔十五两六铢七丝二黍化作六千八百九十四铢七二为实。如寸重而一，得十八寸二分四厘为同数，消左得 （即今方程 $10x-x^2=18.24$）。开平方得二寸四分为阔，以减长阔和一尺余七寸六分为长。求砖数者，置城周六十四，如四而一，得十六为方城每边径（即 $64\div 4=16$），自之得二百五十六（即 $16\times 16=256$）为城积。以里长一万八千寸（1 里$=360\times 50$ 寸$=18000$ 寸），自之得三亿二千四百万寸，为寸里法通城积，得八百二十九亿四千四百万寸为积寸，以每砖积十八寸二分四厘为法，除之，得四十五亿四千七百三十六万八千四百二十一又十九分之一枚，以积寸八百二十九亿四千四百万寸桒寸重三百七十八铢，得三十一兆三千五百二十八亿三千二百万铢为实，如每觔铢法三百八十四而一得八百一十六亿四千八百万觔合问”（引自

《万有文库》，商务印书馆，1937年版）。

许多人不了解清代数学家罗士琳的身世，简介如下：

罗士琳（1774～1853）字次璆，号茗香，生于江苏甘泉（今扬州市）。早年以学经、史为主，读“四子六经”之书，兼及六艺（理学）。30岁左右才把精力集中于他喜欢的天文、历算之中，几乎放弃以前“明算君子”博诸家之作，广采众家之长，被誉为“博闻强识，兼综百家，于古今算法尤具神解”的数学家。

罗士琳对古代数学经典进行了详细的研读和校勘，并在此基础上写出自己的研究心得和成果。他自撰和校正的主要数学著作很多，共10余种约50余卷，其中，《四元玉鉴细草》24卷（1834）为卷数最多。

罗士琳在数学上的成就归纳起来有如下几点：

（1）对比例论有较深的认识，他将比例分为12种，而以西方数学四率比例法解《九章算术》中的应用问题，试图用比例论的观点来统一地研究数学。

（2）在代数方法，对于解多元方程组有自己的观点。他承认高次方程有多根、重根和负根，并提出了判别其重根数的方法。

（3）深入研究了三角形，尤其是勾股形的性质，提出了各种有关公式400多个，其中不少是前所未有的。

（4）在弧矢论方面。总结前人的方法，主要采用初等方法进行了系统的研究。

（5）在垛积与立体体积方面，也掌握了垛积招差术，并得到了一些新公式，尤其是在中国数学史上首次给出了椭圆台和椭圆锥的体积计算公式。

罗先生的数学思想有独到之处，他的数学观认为数学是统一的，表现为数与形的统一和代数与几何的统一。他所撰《续畴人传》（即数学家传续集）是中国较早的专门研究数学史的专著之一，为人们所推崇。

3.36 垛积问题

红桃一垛①积难知，共该六百八十枚。

三角垛②来尖上一，每面底子几何为。

——梅瑴成《增删算法统宗》

【注释】 ①垛，指把酒坛、棋子、管子等堆积成的堆。这里指红

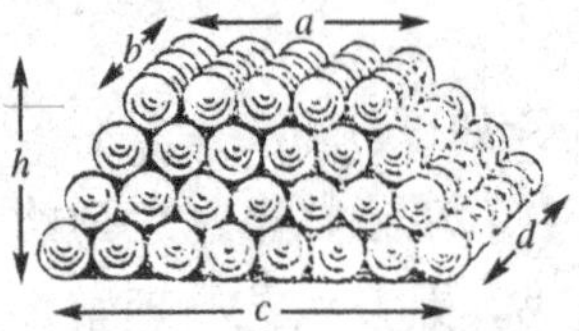

图 3-44

颜色的桃子堆成三棱锥体。这是“隙积术”问题之一。“隙积术”就是一般所说的垛积问题，是把缸、盆之类的物体堆积成底为长方形的台体，即四棱台，求堆积物体总数的方法，本质上是求数列（级数）前 n 项和的问题，它是由北宋伟大科学家沈括（1031～1095）发明的。他在《梦溪笔谈》卷十八“技术”一门解释说：“累棋、层坛及酒家积罌”，即酒坛或棋子按一定摆法堆放在那里，用现在的话来说是：每层摆为一四边形（或三角形），每上一层比下一层长、宽各少一个，见图 3-44。后来南宋大数学家杨辉和元朝数学家朱世杰的著作中也详细论述了垛积问题，正如清代数学家顾观光（1799～1862）说：“堆垛之术详于杨（辉）氏、朱（世杰）氏二书，而创始之功，断推沈（括）氏。”这是中国数学史上一项重大贡献。

②“三角垛”，将红色桃子堆成三棱锥体。这是杨辉在沈括“隙积术”的基础上研究成果，杨辉编《详解九章算术》（1261）和《算法通变本末》中提出了求“三角垛”级数前 n 项和的公式

$$S_n=1+3+6+10+\cdots+\frac{n(n+1)}{2}=\frac{1}{6}n(n+1)(n+2)$$

n 为层数，S_n 为堆物总数。

【译文】 有 680 个鲜艳红色的桃子，把它堆成顶尖只有一个的三角堆（即三棱锥体，每上一层比下层少一个），试问可以堆几层？

【解法】 此题含义古老，只要弄清题意和三角垛级数的前 n 项求和公式，解题迷雾立刻被驱散。

设三角垛共有 x 层，根据“三角垛”级数求和公式有

$$\frac{x}{6}(x+1)(x+2)=680$$

即

$$x^3+3x^2+2x-4080=0$$

解一元三次方程

$$(x-15)(x^2+18x+272)=0$$

$$x-15=0 \qquad (3\text{-}34)$$

$$x^2+18x+272=0 \qquad (3\text{-}35)$$

解（3-34），得 $x_1=15$

解（3-35），无解。

答：红桃可堆成 15 层。

【探源】 宋朝沈括发明隙积术以后，后世许多数学家都做了很好研究，并且取得了很好成果，因此，为了宣传、弘扬古代优秀数学文化这一成就，特编了这首诗题。

三次方程求根史

本题涉及解三次方程问题，读者忍不住发问：特殊三次方程可以用上面分解因式法来解。一般三次方程有没有像二次方程那样的求根公式呢？有。因公式繁杂，计算量大，中学数学教材没有列入。但其知识是初等的，中学程度以上的人是能弄懂与应用的。

实系数一元三次方程的一般形式为

$$ax^3+bx^2+cx+d=0 \quad (a\neq 0)$$

公式解法是先作变量替换，令 $x=y-b/3a$，可将上面方程化为 $y^3+py+q=0$，设 $\Delta=\frac{q^2}{4}+\frac{p^3}{27}$，则得一元三次方程的求根公式（证明略）为

（1）$\Delta<0$ 时有三个不同的实根：

$$y_1=\sqrt[3]{-\frac{q}{2}+\sqrt{\Delta}}+\sqrt[3]{-\frac{q}{2}-\sqrt{\Delta}}$$

$$y_2=\omega_1\sqrt[3]{-\frac{q}{2}+\sqrt{\Delta}}+\omega_2\sqrt[3]{-\frac{q}{2}-\sqrt{\Delta}}$$

$$y_3=\omega_2\sqrt[3]{-\frac{q}{2}+\sqrt{\Delta}}+\omega_1\sqrt[3]{-\frac{q}{2}-\sqrt{\Delta}}$$

其中，$\omega_1=\frac{-1+\sqrt{3}\mathrm{i}}{2}$，$\omega_2=\frac{-1-\sqrt{3}\mathrm{i}}{2}$是 $x^3-1=0$ 的两个虚根。

(2)$\Delta=0$ 时，有三个实根，且有两个重根：

$$y_1=2\sqrt[3]{-\frac{q}{2}}, \quad y_2=y_3=\sqrt[3]{\frac{q}{2}}$$

(3)$\Delta>0$ 时，只有一个实根：

$$y_1=\sqrt[3]{-\frac{q}{2}+\sqrt{\Delta}}+\sqrt[3]{-\frac{q}{2}-\sqrt{\Delta}}$$

(另外两个是一对共轭复根)。

关于一元三次方程的解法，尤其是“求根公式”的诞生，有一段惊心动魄、催人泪下的传奇而又真实的历史故事。

先简介一下一元三次方程求根公式历史。最早，古巴比伦人用表（格）来解某些特殊的三次方程。古希腊的阿基米德曾用图像解三次方

程，公元630年左右，我国唐朝王孝通（6、7世纪）用三次方程解决工程中存在的问题，这是世界上最早提出三次方程代数解法的人（例见后3.39末）。

在数学史的长河中，阿拉伯数学家阿尔·花剌子模于820年发现了一元二次方程的一般求根公式以后，寻觅一元三次方程求根公式问题激起许多数学家的热情。可是，这个难题困扰了许多名家好手，难住了不少学者，有的人对它望洋兴叹；有的人苦苦求索，一筹莫展；有的人虽然冥思苦想，但最终仍是一无所获。

时间在人们忙忙碌碌地寻求发展中飞快地流逝了，二次方程求根公式诞生700多年后，寻找三次方程求根公式的研究，在16世纪的意大利数学家之间发生了有趣和动人的转折性历史。

意大利数学家帕乔利（L. Pacioli，1445～1517）悲观地宣布“$x^3+mx=n$，$x^3+n=mx$之不可解”。顿时，引起了不少数学家们的研究。不久，意大利数学教授费罗（S. D. Ferro，1465～1526）解出了$x^3+mx=n$（$m>0$，$n>0$）类型的三次方程，他秘而不宣。约在1510年他只私下传给他的学生菲俄（A. M. Fior）和他的女婿与继承人那发（A. D. Nave，1500？～1558）。

在意大利，数学教授塔尔塔利亚（N. Tartalia，1499或1500～1557，原名丰坦那，Fontana），幼年时在法意战争中被法国兵砍伤上下颚，母亲用舌头舔伤救活了这个苦命的孩子，从小落下语言失灵，被人称为塔尔塔利亚（口吃者，即结巴），后来他靠自学成了大学数学教授。塔尔塔利亚也曾苦心研究三次方程，曾用巧妙方法独立地发现了一套解三次方程的方法。菲俄知道后不相信，于1535年2月22日向他提出公开比赛（这是历史上最早的数学竞赛，也是当时检验发明创造的一种方法）。竞赛结果是塔尔塔利亚大获全胜，名声传遍意大利。于是许多人慕名而来，登门求教，要求告诉求根方法。但在当时的欧洲盛行每有发现，一般深藏私囊秘而不宣，伺机向他人提出挑战，因此塔尔塔利亚墨守成规，守口如瓶。

后来意大利数学家、医生、怪杰卡尔达诺（G. Cardano，1501～1576）把塔尔塔利亚骗到家中，百般纠缠，巧言辞令，发誓守密，终于取得了拙嘴笨舌的塔尔塔利亚的信任，把求根公式写成了一首语句晦涩难懂的25行诗句告诉了卡尔达诺。

几年后的 1545 年，卡尔达诺在自己的代数著作《大术》（又译为《大法》）的第 11 章公布了其解法和塔氏求根公式。卡尔达诺在书中写道：“费罗差不多在 30 年以前就发现了这个法则，并把他传给了他的学生菲俄，菲俄在与塔尔塔利亚竞赛的时候，使塔尔塔利亚有机会发现这一法则，塔尔塔利亚在我恳求下把方法告诉了我，但没有给出证明。我在获得这种帮助的情况下，我找到了几种证明，这是很困难的，我把它叙述如下……”

在同一著作中，卡尔达诺再次说明：“我的朋友塔尔塔利亚享有如此优异的绝妙的、超人的聪明和人类精神的全部，才能的这样一种发现的荣誉。这一发现实在是天赋，这样卓越的论证是他天赋的智慧的力量，对于他来说，真是任何目标都不能认为是不可能到达的。”

塔尔塔利亚知道卡尔达诺发表了三次方程的解法公式以后，非常气愤，认为自己将要出版的代数著作中的精华、“压台戏”和最好的装饰品被卡尔达诺抢先公布于世，于是他在第二年（1546）出版的数学著作《各种问题与发明》（又译作《种种疑问及发明》）一书中，抗议卡尔达诺背信弃义，对他提出了谴责。

后来，卡尔达诺的仆人、秘书费拉里（L. Ferrari，1522～1565）与塔尔塔利亚进行了通信辩论，前后往返批判性的书信 12 次，互相谴责以致最后达到双方肆意谩骂的程度（这个史实，还有许多故事）。最后导致 1548 年 8 月 10 日两人采取公开竞赛决定是非，他们从早到晚辩论发展到谩骂，最后各自宣布自己获胜而未果。

由于塔尔塔利亚著作在西方流传广，影响大，同情他的人多，而卡尔达诺性格怪僻，行为有些古怪，又爱酗酒、赌博和算命，名声不太好，于是卡尔达诺蒙受了盗名窃誉、不守信义的指责。但一般作品是以发表时间作为发明权标准，因此，三次方程求根公式被人们定为卡尔达诺发现的，至今许多数学教科书或文献称为“卡尔达诺解法”或“卡尔达诺公式”，而塔尔塔利亚的名字湮没无闻了。

后人认为，卡尔达诺两次声明三次方程求根公式来源于塔尔塔利亚、证明属于自己，不失坦白之心。他这样盗来的天火照亮了很多人在黑暗中摸索的路，加速了寻找求根公式的进程，公开这一公式有利于数学的发展。公正地讲，两人应共享发明权之誉，一元三次方程求根公式称为“塔尔塔利亚一卡尔达诺公式”更恰当一些。

有兴趣的读者，欲知其详情，请参看《数学趣话》一书（2001，123～134页）。

3.37 方圆仓窖①

方仓②长用阔相乘，堆与圆仓③周自行。

各再以高乘见积，唯圆十二一中分。

——元朝《详明算法》卷下“盘景仓窖”④，又见程大位《算法统宗》

【注释】 ①这首公式诗歌与下面3.38、3.39两节属为同一首，为了便于说明，特分成三节加以介绍。②方仓，就是正方体的仓。③周仓，就是圆柱体的仓。④元末（1368年以前）安止斋、何平子合著《详明算法》，于1406年收入明代《永乐大典》，下两节同。

【译文】 正方体的储粮仓的体积（容积）等于底面的边长与宽相乘，再乘以高。圆柱体的储粮仓的体积（容积）等于圆周长自乘后乘以高，再除以12。

注：诗题所言公式，若设正方体的边长为 a，圆柱底面周长为 C，高为 h，则体积公式用今式分别表示为

$$V_{方仓}=V_{正方体}=a^3 \tag{3-36}$$

$$V_{圆仓}=V_{圆柱体}=\frac{1}{12}C^2h \tag{3-37}$$

【证明】 上面记忆正方体、圆柱体的体积公式的歌诀，可以证明和今天公式是一致的，公式（3-36）与今一致，不证自明，公式（3-37）与今天的 $V_{圆柱体}=\pi r^2h$（r 为圆半径，h 为高）也一致，推理如下：

圆周长公式　　　　　　　$C=2\pi r$

得 $C^2=4\pi\cdot\pi r^2$。

将 C^2 代入公式（3-37），古时 π 取3，有

$$V_{圆柱体}=\frac{1}{12}h\cdot 4\pi\cdot\pi r^2$$

$$=\frac{1}{12}\times4\times3\cdot\pi r^2h=\pi r^2h$$

注：因 $\pi\approx3$，公式（3-37）为近似公式。

【探源】 寻根觅源，上述方仓、圆仓体积公式的血脉源头在何方？在古老的《九章算术》卷四“少广”章的第19～22题中，都熟练地应用了正方体体积公式；在卷五“商功”章第27题中还有求仓高的复杂

题目："今有仓，广三丈，袤四丈五尺，容粟一万斛，问高几何?"（今有仓，宽3丈，长4丈5尺，容粮10000斛。问此仓之高是多少?）这是一道已知长方体谷仓的容积、底面长与宽，求其高的题目。

本题得出求高h公式：$h=\frac{V}{ab}$（a、b为底面长与宽。V为长方体体积）。

同样，《九章算术》卷五"商功"章第28题："今有圆囷"（囷，音群，qūn，古代圆形谷仓，也叫圆囷），高一丈三尺三寸少半寸，容米二千斛。问圆几何?（今有圆仓，高1丈3尺$3\frac{1}{2}$寸，容米2000斛，问此圆仓底面周长是多少?）"这题术文实际由正圆柱体体积$V=\pi r^2\cdot h=\frac{C^2}{4\pi}h$（$r$为圆半径，$h$为高，圆周长$C=2\pi r$）推出求圆周长$C=\sqrt{\frac{12V}{h}}$的近似公式（$\pi\approx3$）。

因此，寻觅本节诗题之源头，便在《九章算术》之中①。古有先例，应用又广泛，后辈数学家按捺不住喜悦心情，用诗言情、言志，表达这一个美丽大自然所生的产物。

关于正方体体积问题，明代数学家吴敬（约1385～1450）也编了一首"方蜡自燃"的诗题：

今有白方一块蜡，白方高厚一尺八。

一日对天燃一寸，问燃几年何用法?

——吴敬《九章比类算法大全》

这诗题说，已知白色正方体蜡一块，一昼夜燃烧一寸，问几年燃烧尽。显然，已知白方蜡体积1.8×1.8×1.8(立方尺)＝5832(立方寸)，1年以360天计，则5832÷360＝16.2(年)。答：燃16.2年。

体积起源

"体积"是一种坚实的、厚重的实体。体积是很美的，你看：高而窄的形体有险峻之感，宽而平的形体有平稳感。体的表情除了以外轮廓

① 事实上，在2002.9《文物》公布最早出土的《算数书》数学书（公元前2世纪）中，标题为"井材"一题已有求解正圆柱体体积，依术可得近似公式$V=\frac{1}{12}C^2h$（C为圆周长，h为圆柱高）。

线条勾画出体态美之外，还常常以其体之重来衡量其价值。厚的体有庄重、结实和踏实之感，薄的体有轻盈之感。体积不仅美，而且是人们在生产、生活中处处离不开的，它的用处极广，举目四顾，比比皆是，不必多言了。

体积最早起源于大自然，山川大地，无处不存在体积。因此，人们认识体积及其计算公式的历史很长、很久远。一些简单、规则的几何体（如正方体、长方体）的体积计算方法是人类祖先从长期的实践活动中总结出来，如古埃及的《莫斯科纸草书》（约公元前1850年）已有正四棱台体积公式；古希腊人约公元前357年以前发现了圆锥体体积公式，公元前212年以前阿基米德发现球体体积公式等；我国公元前1世纪的《九章算术》商功章等也记载不少体积公式。

人们在绘画、雕塑、制造工具和生活用品等都有体积身影，所以古算家用诗赞美、表现体积公式不足为奇了。

3.38 圆锥仓窖

尖堆①法用三十六，倚壁②须分十八停。

内角③聚时如九一，外角④三九甚分明。

——元朝《详明算法》卷下“盘景仓窖”，又见程大位《算法统宗》

【注释】 ①“尖堆”指堆粮在平地上，见图3-45。②“倚壁”指依墙堆粮，见图3-46所示。③、④即倚墙的内角或外角堆粮，见图3-47、图3-48所示。

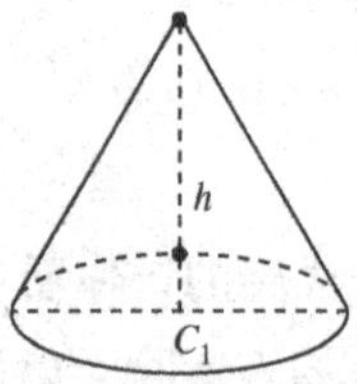

图3-45

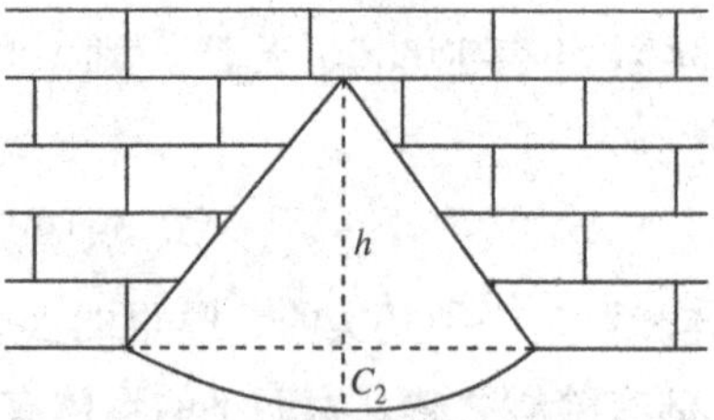

图3-46

【译文】 粮食堆积在平地上成圆锥体（图3-45），其体积为底圆周长的平方乘以高，再除以36；粮食靠墙堆积成半圆锥体（图3-46），其体积为底圆周长的平方乘以高，再除以18；粮食堆积在墙内角成1/4

圆锥体（图 3-47），其体积为底面圆周长的平方乘以高，再除以 9；粮食堆积在墙外角成 3/4 的圆锥体（图 3-48），其体积为底面圆周长的平方乘以高，再除以 27。

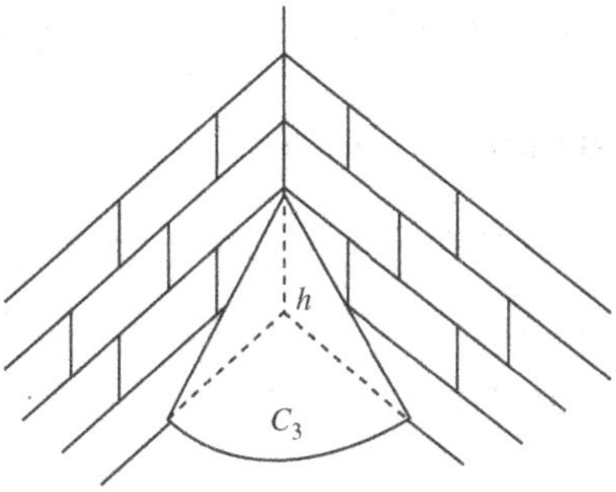

图 3-47

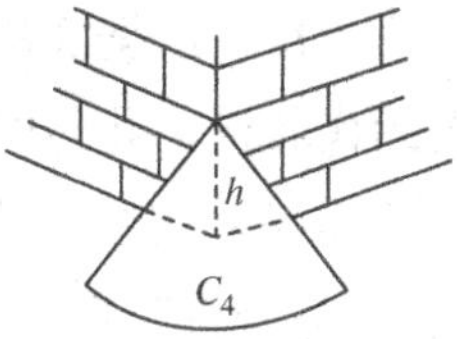

图 3-48

注：这是一首近似快速计算粮堆体积的歌诀，每句表达一种形式的堆积公式，用现代数学式表为

平地堆积$=\frac{1}{36}C_1^2h$（C_1 为圆锥底面周长，h 为高）（图 3-45）

倚墙堆积$=\frac{1}{18}C_2^2h$（C_2 为圆锥底面周长的$\frac{1}{2}$，h 为高）（图 3-46）

倚墙内角堆积$=\frac{1}{9}C_3^2h$（C_3 为圆锥底面周长的$\frac{1}{4}$，h 为高）（图 3-47）

倚墙外角堆积$=\frac{1}{27}C_4^2h$（C_4 为圆锥底面周长的$\frac{3}{4}$，h 为高）（图 3-48）

【证明】 上面 4 个记忆正圆锥体的体积近似公式，原书没有证明，但可以证明与今天准确公式一致，推证如下：

平地堆粮积，这个快速计算的公式，只要运用正圆锥底面圆周长 $C_1=2\pi r$（r 为半径）及其体积公式 $V_{圆锥}=\frac{1}{3}\pi r^2h$（$h$ 为圆锥高），便可轻易地推出“尖堆法用三十六”的科学道理。

因为 $r=\frac{C_1}{2\pi}$，代入

$$V_{圆锥}=\frac{1}{3}\pi r^2h=\frac{1}{3}\pi\left(\frac{C_1}{2\pi}\right)^2h=\frac{1}{12\pi}C_1^2h$$

$$=\frac{1}{12\times3}C_1^2h\text{（因为古代“周三径一”，}\pi\text{ 取 3）}$$

$$=\frac{1}{36}C_1^2h$$

同理，依墙堆粮积公式，如法炮制，信手便得。因为依墙堆积，粮堆只占据圆锥的$\frac{1}{2}$，即$V_{圆锥}=\frac{1}{6}\pi r^2h$，又因为$C_2=\pi r$，将$r=\frac{C_2}{\pi}$及π取3，代入$V_{圆锥}=\frac{1}{6}\pi r^2h$，便得“倚壁须分十八停”的公式。

依墙内角，占据圆锥的1/4。依墙外角，占据圆锥的3/4（三九是二十七的代名词，此句即是依墙外角为1/27）。亲爱的读者，插上你数学思维的翅膀，在数学思想的天空中自由飞翔，“内角聚时如九一”、“外角三九甚分明”真实性，便不言自明了。

综上可知，一个哲理，数学上严格的逻辑论证，是数学研究的生命线和指南针，离开它将一事无成。

注：因$\pi\approx3$，故上述四个公式为近似公式。

【探源】 本节诗题的源头在哪里？逆溯追寻的思绪，把我们带到了很久很久以前的年代。

原来堆粮积公式发生在秦汉代以前，距今已有2000多年了，它的文字记载出土不久，2000年公布的我国最早的《算数书》（至迟西汉吕后二年，即公元前2世纪初以前成书）中，标题为“旋粟”“囷盖”是正圆锥体，竹简文提供的其体积求解方法（术文）是“下周自乘，以高乘之，卅六成一”，用今式表为$V=\frac{1}{36}C^2h$。与诗题“尖堆法用三十六”一致。后来的《九章算术》（约公元前1世纪），商功章，便紧相连地出现以下三题：

(1) 今有委粟平地，下周一十二丈，高二丈。问积及粟几何？答曰：积八千尺。为粟二千九百六十斛二十七分斛之二十六。

【译文】 有粟若干，堆积在平地上（成正圆锥体，见图3-45，“委”是堆积)，它的底圆周长是12丈，高2丈，问它的体积及粟各是多少？

答：体积8000立方尺，粟$2962\frac{26}{27}$斛（斛，音弧，hú，容量单位，1斛=10斗）。

(2) 今有委菽依垣，下周三丈，高七尺。问积及为菽各几何？答曰：积三百五十尺。为菽一百四十四斛、二百四十三分斛之八。

【译文】 有大豆（“菽”即大豆）若干，倚墙堆积（“坦”指墙，见图 3-46），它的底圆周长 3 丈，高 7 尺。问它的体积及菽各多少？答：体积 350 立方尺，菽 $144\frac{8}{243}$斛。

(3) 今有委米依坦内角，下周八尺，高五尺。问积及为米几何？答曰：积三十五尺九分之五。为米二十一斛七百二十九分斛六百九十一。

【译文】 有米若干，堆积在墙的内角（图 3-47），它的底圆周长是 8 尺，高是 5 尺。问它的体积及米各多少？答：体积 $35\frac{5}{9}$立方尺，米 $21\frac{691}{729}$斛。

《九章算术》这三题的术文（解法），被古人捉住、升毕、编成前面歌诀，头三个是完全一样的体积经验公式（术文此未引出）。因此，这首歌诀的源头，就是元末（1368 年以前）安止斋和何平子等根据《九章算术》编写而成。这类经验公式，在我国民间沿用很广，至今有一些地方的老农，还用这种近似公式进行估产。

真相大白了！了不起的《算数书》《九章算术》，在理论与实践的“产房”里，生出了许多数学“儿女”，活跃在数坛上，为国添辉。令今人心驰神往，兴味盎然。

这里还要拨一下读者思维的琴弦，激起你思维的浪花，请你套用歌诀公式算一算，看你得的结果与上面《九章算术》这 3 题的答案是否一致。由于古今度量衡不同，作一提示：长度 1 丈仍为 10 尺，1 尺＝10 寸；古时体积的尺寸指立方尺（寸）。在《九章算术》里的粟、菽、米的斛数换算如下：

粟一斛积二千七百寸（立方寸）。

菽（或麦）一斛积二千四百三十寸（立方寸）。

米一斛积一千六百二十寸（立方寸）。

估算粮重

我国自古以来是一个农业大国，粮食丰收了，勤劳的农民把它们堆积起来，乡亲们常常带着丰收的喜悦，相互估量着粮堆的重量。

估出体积、再乘以该粮的密度即得重量。

粮堆是大地写出的华丽文章，一种沉甸甸的思想，使人有一种踏实感、安全感，手中有粮，做事不慌。所以，估算粮堆重量成为农民们首要关心的问题了。久而久之，数学女神进入粮堆，各种估算粮堆体积的经验公式脱颖而出。这些公式是古老而适用范围很有限的，给人一个印象，似乎是建立在一种松弛而不严密的基础之上，有时萧条冷落，萎靡不振，即使有一些数学家为之大声呼吁，但反响极为冷淡。其实，只要利用我国祖先创造的数学理论，便可以架起通往古人创造心灵的智慧之桥，一切冷漠、怀疑的迷雾定会驱散。这些经验公式并非沙滩上的数学大厦，而是地基牢固的皇宫。它们像颗颗明珠，将坚实的数学皇宫，装点得富丽堂皇。

以上的证明、注释、剖析令人智力活跃。古人这些公式的理论依据，亦令人拍案叫绝。谁说中国古代数学只有计算，没有理论？它的推理、证明令人心醉，横绝一代。

雄视数学两千多年，只叹息魏晋时代数学家刘徽出生较晚，不然的话，将他推算的 $\pi \approx 3.14$（叫徽率）代入，经验公式这座宫殿不就更加庄严、宏伟了吗？可是回头一想“估量”仅是一种快速的近似计算方法，何必苛刻古人。对待过去，要站在历史背景和实际去思考。

最后，还要联想、引申一点，关于“圆锥”，不由使人想起俄国伟大诗人普希金（1799～1837）所写的叙述东方民族故事的诗剧“吝啬的骑士”中的一段：

我曾在一个什么地方读到过，
一位国王有一次命令他的军队，
每人抓一把土来堆成一个土丘，
于是，骄傲的土丘耸立起来了，
国王可以从它的高处愉快地望见：
被白色天幕覆盖着的山谷，
和那疾驶着轮船的海洋。

（转引自［俄］别莱利曼著，趣味几何学，符其珣，北京：中国青年出版社，1951，121，122。）

这是诗人夸张的意思。古代有兵很多的阿提勒国王估计有 70 万大军。假使一兵抓一把土，其体积约 1000 立方厘米，按堆成圆锥体积计算（按锥的侧高与底面成 45°角），可知，70 万把土堆成的圆锥体积高不过 5 米多（详细计算见该书）。显然，站在 5 米多高的山丘上，很难看到海洋。这是诗人巧妙的想象。

3.39 台体仓窖

若还方窖兼圆窖①，上下周方各自乘。

乘了另将上乘下，并三为一②再乘深。

如三而一为方积③，三十六兮圆积成④。

解法却将除见数，一升一合不差争。

——元代《详明算法》卷下“盘景仓窖”，又见程大位《算法统宗》

【注释】 ①方窖，指正四棱台体。“圆窖”指正圆台体。②并三为一，指将上、下周长各自的乘（平方）与上、下周长之乘积这三项相加为一个式子。③指②中式子若除以 3，则得正四棱台体的容积。④指②中式子，若除以 36，则得正圆台体的容积。

【译文】 如果要计算正四棱台或正圆台的体积（容积），将其上、下周长各自乘，加上上、下周长之乘积，三者之和再乘以其深（即高）。上面结果若除以 3，则得正四棱台体体积；上面结果若除以 36，则得正圆台体体积。应用时只要将已知条件的数值代入，通过计算不会误差一升一合的。

注：设正四棱台上、下底的正方形的边长分别为 a，b；高为 h。又设正圆台上、下底圆周长分别为 C_1，C_2，高为 h，则根据诗题意思，用现代式表示为

$$V_{\text{正四棱台}}=\frac{1}{3}\left(a^2+b^2+ab\right)\cdot h \tag{3-38}$$

$$V_{\text{正圆台}}=\frac{1}{36}\left(C_1^2+C_2^2+C_1C_2\right)\cdot h \tag{3-39}$$

【证明】 关于上述公式（3-38）、（3-39），原书没有证明，可以证明其与现代公式是一样的。证明如下：

（1）现代的棱台体积公式是

$$V_{\text{正棱台}}=\frac{1}{3}\left(S_1+S_2+\sqrt{S_1S_2}\right)\cdot h \tag{3-40}$$

其中，S_1，S_2 为上、下底面积。因正四棱台上、下底分别为正方形，

则 $S_1=a^2$，$S_2=b^2$，代入（3-40），得

$$V_{正四棱台}=\frac{1}{3}(a^2+b^2+ab)\cdot h$$

这就证明了式（3-38）与今式一致。

（2）现代的正圆台体体积公式是

$$V_{正圆台}=\frac{1}{3}\pi h(R^2+r^2+Rr) \tag{3-41}$$

其中，R、r 分别为上、下底圆周长的半径，h 为高。

因为古代 π 取 3，有 $C_1=2\pi R$，$C_2=2\pi r$，代入式（3-39），得

$$\begin{aligned}V_{正圆台}&=\frac{1}{36}[(2\pi R)^2+(2\pi r)^2+2\pi R\cdot 2\pi r]\cdot h\\&=\frac{4\pi^2}{36}(R^2+r^2+Rr)\cdot h\\&=\frac{1}{3}\pi h(R^2+r^2+Rr)\end{aligned}$$

取 $\pi\approx3$。这就证明了式（3-39）与式（3-41）一样。

注：因为 $\pi\approx3$，故公式（3-39）为近似公式。

【探源】 这首诗题的根源在何处？追根觅源，不难看见《算数书》“圆亭”题（略，与下（2）题同）和《九章算术》中有如下题目：

（1）今有方亭，下方五丈，上方四丈，高五丈。问积几何（引自《九章算术》卷五“商功”章第 10 题）。

【译文】 今有正四棱台体，下底边长 5 丈，上底边长 4 丈，高 5 丈。问其体积是多少？（答：$101666\frac{2}{3}$立方尺。）

（2）今有圆亭，下周三丈，上周二丈，高一丈。问积几何（来源同上书第 11 题）。

【译文】 今有正圆台体，下底周长 3 丈，上底周长 2 丈，高 1 丈。问其体积是多少？（答：$527\frac{7}{9}$立方尺。）

上述最早的两书中所列“术曰”所得出的公式和本诗题中（3-38）、（3-39）两公式是一样的（略）。

后人为了让这些名题流芳千古，体现传统数学“源于实际，用于现实”，将这些公式编成歌诀流传下来，如唐代王孝通《缉古算经》(627～

644)、元末安止斋和何平子合著《详明算法》(于 1406 年收录于巨著《永乐大典》、明代程大位《算法统宗》等书上都有上述名题。他们所编歌诀，在民间广为流行，直到今天。如果取 $\pi\approx3.14$ 代入上述公式（3-38)、(3-39)，体积公式更精确一些）。

王孝通

(7 世纪初)

王孝通三次方程

为了说明名题流传，在此举出唐代王孝通《缉古算经》书中“亭仓”即方亭一题，并通过此题解法，介绍王孝通研究形如 $x^3+px^2+qx=A$ 的三次方程成就（欧洲关于这种高次数字方程的研究，最早是 13 世纪的斐波那契，比王孝通迟约 600 年）。

为什么要介绍王孝通的三次方程，还有一个原因，就是王孝通得到这种三次数字方程解法后，自豪地说：谁能改动《缉古算经》内的一个字，可酬以千金。所以，又为了“一字值千金”的自信之言，有必要引一题看看。

王孝通《缉古算经》中第七题：“假令亭仓，上小下大。上下方差六尺，高多上方九尺，容粟一百八十七石二斗。今已运出五十石四斗。问仓上下方、高及余粟深（即高)、上方各多少?”

【译文】 设有一正四棱台（亭即方亭，乃正四棱台体）形粮仓，上底边长比下底边长少 6 尺，高比上底边长多 9 尺，它的体积容粟 187 石 2 斗。已运出 50 石 4 斗。问这粮仓的上、下底边长及高各是多少?

原术文

以斛法[①]乘容粟为积尺（“斛法”指古时 1 石粟的容积为 2.5 立方尺)。

又方差自乘，三而一，为隅[②]阳幂。以乘截高，以减积，余为实[③]（“隅”指方程的

今　译

设上底边长为 a，下底边长为 b，高 h，则方差 $b-a=6$ 尺，截高为 $h-a=9$ 尺，则容粟的体积（即积尺）是 $2.5\times187.2=468$（立方尺)。

$$\frac{(b-a)^2}{3}=\frac{36}{3}=12(\text{平方尺})$$

$$468-\frac{(b-a)^2}{3}\cdot(h-a)$$

$$=468-12\times9=468-108=360$$

最高次项系数；“实”指常数项）。	为常数项。
又方差乘截高，加隅阳幂为方法④。	又 $(b-a)(h-a)+\frac{(b-a)^2}{3}=54+12=66$ 为一次项的系数。
又置方差，加截高，为廉法，	$(b-a)+(h-a)=6+9=15$ 作为二次项的系数。
从 1 开立方除之，即上方。	解三次方程 $a^3+15a^2+66a=360$ 得 $a=3$ 尺即上底边长。合答，
加差，即合所问。	$3+6=9$（尺）（即下底边长 b），合答，
（求余粟深、上方略）	$3+9=12$（尺）（即高 h），合答。

【注释】 ①“斛法”，指古时 1 石粟的容积为 2.5 立方尺，称之为斛法。②“隅”古时指方程的最高次项的系数。③“实”古时方程的常数项称为“实”。④“方法”或“从”称为“方”或“从”，指一次项的系数。从、隅之间（即一次项系数与高次项系数）则是各廉，如 x^2 项称“下廉”或“一廉”，x^{n-1} 项称为“上廉”或“第$(n-2)$廉”，类推。这是古代表示方程文字符号。

从术文所设可知，上底面积 $S_1=a^2=3^2$，下底面积 $S_2=(a+6)^2=9^2$，高 $h=a+9=12$，故正四棱台（亭仓）体积 $=2.5\times187.2=468$（立方尺）代入现今棱台体体积公式：

$$V_{正棱台}=\frac{h}{3}(S_1+S_2+\sqrt{S_1S_2})=468$$

即
$$\frac{a+9}{3}[a^2+(a+6)^2+\sqrt{a^2(a+6)^2}]=468$$

整理得
$$a^3+15a^2+66a-360=0$$

因此，术文表达式与现代棱台体积公式求解所得的三次方程完全相同。亦即王孝通三次方程解法的例证。

王孝通，隋唐人，生卒与籍贯不详。他向唐王朝进呈《缉古算术》（约 630 年成书，后改名为《缉古算经》，并收入十部算经，又作为十本数学教科书之一，也是较难懂的一种）时，写了一篇“上缉古算术表”中说：“臣长自闾阎，少小学算”。“闾阎”指贫民居住地区，可知他非名门大户，生身平民。

王孝通早年学算，约在后来的626年升任通直郎太史丞，从第七品下。

王孝通的数学成就主要是《缉古算经》一卷，共20题，除第一题为天文问题外，其余均为几何问题，涉及土木工程中体积及勾股计算问题，大多数题目的解法用到三次方程的数值解法，是当时较高深的数学理论，也是世界上最早提出三次代数方程的解法，使中国数学进入新阶段。他的三次方程比西方斐波那契特殊三次方程的数值解法早600多年，比16世纪意大利出现的一般三次方程解法提前8～9个世纪。所以，王孝通是唐代，甚至是中国大数学家之一。

王孝通对《缉古算经》得意地写道：“臣昼思夜想，临书浩叹，恐一旦瞑目，将来莫睹。遂于平地之余，续狭斜之法，凡二十术，名曰《缉古》。请访能算之人考验得失，如有排其一字，臣欲谢以千金。”王孝通治学严谨，态度认真，他认为有许多拟柱体体积（如前高后低、上宽下窄的土方体等），前人是搞不清的，因此上面这段话他说：他昼思夜想，对着《缉古算经》书稿叹息，唯恐有一天自己死了，计算方法被泯灭。因此还是把它们写出来。共有20术，名叫《缉古》。请能干的人发现有一字错误，可酬以千金。事实如此，此书很少错误，可见他治学一丝不苟。他的确是高水平的数学家。“但在他的著作《缉古算术》中并非无可指摘的错误。”①

最后，将上面3.37～3.39所分散介绍的“盘景仓窖”合写在一起，再一次展示古算中多面体和旋转体的一些公式。元末数学家安止斋、何平子合著《详明算法》“盘景仓窖”卷下和程大位录入《算法统宗》中的体积近似公式诗歌为

方仓长用阔相乘，堆与圆仓周自行。
各再以高乘见积，唯圆十二一中分。
尖堆法用三十六，倚壁须分十八停。
内角聚时如九一，外角三九甚分明。

---

① 李迪著，中国数学通史（上古到五代卷，南京：江苏教育出版社，1997.293.）

若还方窖兼圆窖，上下周方各自乘。
乘了另将上乘下，并三为一再乘深。
如三而一为方积，三十六兮圆积成。
解法却将除见数，一升一合不差争。

令人叹为观止。伟大！中国古算。伟大！中华民族。

3.40 长城墙积

算中有法筑长城，上下将来半折①平。
高以乘之长又续，此为城积甚分明。
五因其积三而一，是壤②求坚③法并行。
穿地④四因于壤积⑤，法中仍用五归成。

——元末安止斋、何平子《详明算法·修筑》

【注释】 ①半折，一半，即 1/2 或除以 2。②壤，指松土。许慎《说文解字》称："壤，柔土也"。注文说："壤为息土"，息土即虚土或叫松土。③坚，指扎实或夯实后的实土。④穿地，即挖地。李籍《音义》说："挖地也"。⑤《九章算术》"商功"章第一问之后有："穿地四，为壤五，为坚三"是一般挖、松、夯实体积的比率。所以，壤求坚"五因其积三而一"指 5∶3；"穿地四因于壤积"为 5∶4。

【译文】 前四句说：修筑形如正截面为等腰梯形的直棱柱的长城墙（图 3-49），计算它的体积是有方法的：将梯形上底 AB 与下底 CD 相加之和再半折（除以 2），又再乘以高 EF 与长 AA'，则得长城墙的体积公式为

$$长城墙体积=\frac{AB+CD}{2}\cdot EF\cdot AA'$$

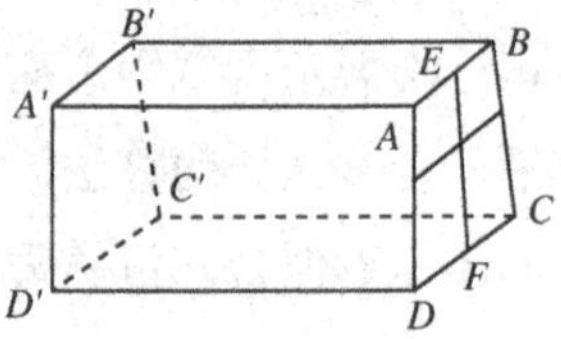

图 3-49

后四句指怎样计算"壤求坚"、"壤求穿"的计算简法：将松土夯为实土的体积比率是 5∶3，松土为挖出的土的体积比率为 5∶4，按照这个比例，再根据长城墙体积公式，便可算出挖、松、实土的体积了。

【探源】 这是一首介绍土木工程实用技术计算体积公式的口诀。歌诀源出于《九章算术》"商功"章。商是"商量"、"量度"的意思。《九章算术》"商功"章是讲各种立体体积计算的方法，共有 28 个题讲

土木工程提出的数学问题解法。我国自禹（四千多年前）治洪以来，对于筑城、建堤、挖沟、修渠等工程，积累了丰富的经验。通过总结、提炼、加工和理论上的探讨，导出了种种工程土石方的计算方法或公式，这些方法统称为“商功”。当然，比《九章算术》至少早一个多世纪的《算数书》，也有7题，介绍了6种不同形状几何体体积的求解方法，(亦有9个题名，6题是有关土地面积计算)，当然，数学史家研究认为，《九章算术》与《算数书》没有沿袭关系，就是说，《九章算术》不是从《算数书》演变而来。仅存在某些题及解法（术文）相同。

我国古代数学具有“以算法为中心”与“源于实际，用于现实”的特点，因此，许多古算家为了弘扬这一特色，把一些名题、佳法编成口诀，流传后世。只要一呼口诀，即可按计算程序演算，饶有趣味，帮助记忆了的确简便、迅速。

古代许多数学题大众化，算法歌诀化，是古代数学一道风景线，也是劳动人民从事改造山川河流，防御敌犯，建设家园的一首雄伟、壮丽诗篇。

3.41 修渠雇工

穿渠①二十九里程，再加一百四步零。
上广一丈二尺六，下广八尺丈八深。
每日一夫三百尺②，问该夫数雇工兴。

——梅毂成《增删算法统宗》

【注释】 ①穿渠，指挖土修渠。②这句说一个劳工每日挖土300立方尺。

【译文】 修一条29里104步长的水渠，上宽1丈2尺6寸，下底宽8尺，深1丈8尺。每人每日挖土300立方尺。问需要雇多少劳工兴建。

【解法】 水渠是上宽下窄的正四棱台体，亦似梯形柱体，根据术文，可按公式

$$V=\frac{上底+下底}{2}\times 高(深)\times 长$$

先求出体积。后即可求出需要劳工数。用现代式表达，1里＝360步，1步＝5尺，已知渠长29里104步＝52720尺，上底宽＝12.6尺，

下底宽=8尺，高（深）=18尺。代入公式：

$$V=\frac{12.6+8}{2}\times 18\times 52720=9774288\text{（立方尺）}$$

每人每日挖300立方尺，则需要劳工人数

$$9774288\div 300=32580.96\approx 32581\text{（人）}$$

答：修这条水渠需要32581个劳工。

【探源】 这道诗题源自《九章算术》商功章第7题："今有穿渠，上广一丈八尺，下广三尺六寸，深一丈八尺，袤（即渠长）五万一千八百二十四尺。问积几何。答曰：一千七万四千五百八十五尺六寸。秋程人功三百尺，问徒几何。答曰：三万三千五百八十二人。功内少一十四尺四寸。一千人先到，问当受袤几何。答曰：一百五十四丈三尺二寸八十一分寸之八。"

【译文】 现挖一条河渠，上宽1.8丈，下宽3.6尺，深1.8丈；长51824尺。问挖方是多少？

答：挖方为10074585.6立方尺。

秋季劳动规定每人每日工作量为300立方尺，（1日完工）问需要用劳工多少人？

答：需劳工33582人。其中尚少14.4立方尺。

有1000人先到工地劳动，问应挖渠的长度是多少。

答：154丈3尺$2\frac{8}{81}$寸。

术曰：以一人功尺数，乘先到人数为实。并渠上下广而半之，以深乘之为法。实如法得袤尺。

【译文】 以每人每日工作量乘以先到人数为被除数。用河渠上、下宽之和的一半，再乘以渠深作为除数。被除数除以除数，即得其长度的尺数。

按术解第7题：先按公式$V=\frac{\text{上广}+\text{下广}}{2}\times\text{渠深}\times\text{渠长}=\frac{18+3.6}{2}\times 18\times 51824=10074585.6$（立方尺）。

求人数：$10074585.6\div 300=33581$（人）……285.6（立方尺）

余数285.6立方尺不及一个劳动日，这里多加1人，则少挖渠土方为$300-285.6=14.4$（立方尺）。

需要劳工人数 33582 人，其中尚少 14 立方尺 400 立方寸，1000 人先到工地，按算法可挖渠的长度

$$L = 300 \times 1000 \div \frac{18 + 3.6}{2} \times 18 = 1543\frac{17}{81}(\text{尺})$$

即 154 丈 3 尺 $2\frac{8}{81}$寸（因为 $\frac{17}{81}\times 10$ 寸$=2\frac{8}{81}$寸）。

以上解法合答。

3.42 金球重量

有个金球里面空，球高尺二厚三分①。

一寸自方十六两，试问金球几许金？

——梅瑴成《增删算法统宗》

【注释】 ①这句话说，球高（直径）1 尺 2 寸，即 12 寸；“厚”指空心金球的壁厚 3 分即 0.3 寸。

【译文】 有一个空心金球，它的直径 12 寸，球壁厚 0.3 寸。一立方寸金重 1 斤，试问金球重是多少？

【解法】 这是一个简单的计算球体积问题。

因《九章算术》计算球体积的公式出入很大，用今天球体积公式 $V_{\text{球}}=\frac{4}{3}\pi r^3$ 计算。

设大球半径为 $R=6$ 寸，空心金球半径 r，则 $r=6-0.3=5.7$（寸），$\pi\approx 3$，

代入球体积公式

$$V=\frac{4}{3}\pi(R^3-r^3)$$

$$=\frac{4}{3}\times 3\times(6^3-5.7^3)\approx 123.23(\text{立方寸})(\text{保留两位小数})$$

因 1 立方寸金重 1 斤，则球重

$$123.23\times 1=123.23\ (\text{斤})$$

答：金球重 123.23 斤。

注：若 $\pi\approx 3.14$，则答案约为 128.98 斤。

【探源】 我国古代称圆为“圜”（读圆）或“平圆”，借以表示平

面图形，而称“球”为“丸”或“立圆”或“浑”，以表示立体图形，用以区别于“平圆”等平面图形。

公元1303年，元朝数学家朱世杰最早使用“圆球”一词。公元1607年，徐光启与利玛窦合译《几何原本》前六卷时，才将英文“sphere”译为“球”，沿用至今。

这诗题源自《九章算术》少广章23、24题的基本题，即已知球体积，求该球直径，诗题比它较难一点，不是求实心球体积，而是求空心球体积。

古代球积公式

《九章算术》中球的直径公式为 $d=\sqrt[3]{\frac{16}{9}V}$，若设 $d=2r$（r 球半径），则该书球体积公式为 $V=\frac{9}{16}d^3=\frac{72}{16}r^3=\frac{9}{2}r^3$。

若按当时取 $\pi=3$，则又可化为 $V=\frac{3}{2}\pi r^3$，显然与正确球体积公式 $V=\frac{4}{3}\pi r^3$，相差为

$$\frac{3}{2}\pi r^3-\frac{4}{3}\pi r^3=\frac{1}{6}\pi r^3$$

也就是说，《九章算术》中球体积公式要大 $\frac{1}{6}\pi r^3$，这个误差是很大的。

汉代天文学家张衡（78～139）发现这一问题，曾进行研究，但未能取得令人满意的结果。

大约100年后，三国魏时刘徽（约225～约295）在注释《九章算术》时，发现了球体积公式的错误，经过他反复实验、研究，创造了一条关于球体积计算的定理：由正方形与其内切圆面积之比为4∶π，推得正四棱台与其内切圆台体积之比也是4∶π。后来，刘徽进一步推算，转化为他命名的求“牟合方盖”的新方法。（古时称伞为“盖”，“牟”与“侔”相通，意即相等。所谓“牟合方盖”是两个半径相等且互相垂直的圆柱体的公共部分，形状像合在一起的上、下两个全同的方伞。）刘徽有时简称为“合盖”。他发现“牟合方盖”与其内切球体积之比为4∶π，但刘徽没有求出“牟合方盖”的体积，因而他企图纠正球体积公式成为泡影。治学严谨，一丝不苟，为人诚实而谦虚的刘徽在注释中

写道："欲陋形措意，惧失正理。敢不阙疑，以俟能言者。"（译文：欲推究此不规则图形性质，唯恐与原理相违背，只好阙疑，以等待（俟）后人解决。"阙疑"即把疑难问题留着，不下判断。）刘徽把自己研究过程中遇到的困难公之于众留下的此言，被众人赞誉为：高尚治学态度，实事求是的精神，为后人解决搭桥铺路。

祖冲之

(429～500)

时移世改的100多年以后，南北朝伟大数学家祖冲之（429～500）和他的儿子祖暅（音更，gèng），在刘徽创立的理论与留下的启示的基础下，求"牟合方盖"体积问题被祖冲之父子创造的原理："缘幂势既同，则积不容"（译文：介于两平行平面之间的两立体，若任等高处的截面面积对应相等，则两立体的体积必然相等）的等价定理代替了。祖氏父子终于解决了，并推算出球体积公式：

$$V=\frac{11}{21}d^3$$

祖暅取 $\pi=\frac{22}{7}$，令 $d=2r$，代入上式即得正确公式 $V=\frac{4}{3}\pi r^3$。

这一原理长期载入中学立体几何课本，被命名为"祖暅原理"。

推导球体积的正确公式，经张衡、刘徽和祖冲之父子的几代人，共花了约350多年时间的努力，终于解决了。

关于球体积公式还有两个有趣的插曲：《九章算术》书上的球体积公式误差很大不能用，可是，在公元9世纪传入古印度，古印度数学家摩诃毗罗未加改正而原封不动地采用这个错误公式。这件事实是中国古算很早外传的又一证据。

第二个插曲，关于"祖暅原理"，意大利数学家卡瓦列里（B. Cavalieri，1598～1647），于1635年在《连续不可分几何》著作中也提出这一原理，显然比祖氏父子晚1100余年。由此外国数学史长期称为"卡瓦列里原理"。不知道祖氏父子是最早创造，这一事实在近代才被西方承认。

清代数学家徐有壬（1800～1860）著《截球解义》一卷，全面深入细致对体积、球扇形体积、球表面积、球带底面积和球冠表面积等等进行研究，利用刘徽和祖冲之父子的理论成果，取得了十分注目的成果，而且方法都比刘徽和祖氏父子简单明白，这是中国人的骄傲。

3.43 金球直径（驻马听）

不比寻常，欲造金球内外光，
要求高径尺寸，今有金积，耀眼睛黄。
百二十一五分详①，立圆高许如等杖②，
折半曾量，折半曾量，金实虚积无偏向。

——程大位《算法统宗》

【注释】 ①此句指圆球体积为121.5立方寸。②此句说怎样求球的直径。

注：这首“驻马听”词牌数学题，是一个已知球体积求直径的简单问题。题意明白，不译译文。

【解法一】 程大位《算法统宗》中采用《九章算术》误差较大的球体积公式来计算：

$$V_{球}=\frac{9}{16}d^3 \quad (d\text{ 为球直径})$$

求得金球直径为

$$d=\sqrt[3]{V_{球}\cdot\frac{16}{9}}=\sqrt[3]{121.5\times\frac{16}{9}}=6(\text{寸})$$

【解法二】 用正确球体积公式 $V_{球}=\frac{4}{3}\pi r^3$ 来计算，取 $\pi=\frac{22}{7}$，则

$$V_{球}=\frac{11}{21}d^3$$

所以 $d=\sqrt[3]{121.5\times\frac{21}{11}}\approx 6.14$（寸）（保留两位小数）

答：球直径约为6.14寸。

注：错误公式算出球径要少 $6.14-6=0.14$（寸）。

【探源】 诗题源自《九章算术》少广章23、24题，如23题是：“今有积（指球体积）四千五百尺。问为立圆（指球）径几何。答曰二十尺。”

数学理论与应用

在科学发展史上，科学理论往往是“前人种树，后人乘凉”，仅仅

因为某种科学理论在应用上不能“立竿见影”，就轻率地加以否定，这是缺乏远见的。

数学理论也一样，创造发明的数学理论有的不能立刻看到它的实际应用，但因此就忽视或否定是不对的，因为理论往往走在实际应用的前头。例如，“黄金分割”理论在古希腊时代是作为一种美来欣赏的，谁能想到两千多年之后会在“优选法”上大显身手！又如哥德巴赫猜想理论（尚差一步未证明），在现代工程技术中已有初步应用，即在“亚数自动机”上应用。又如斐波那契提出兔子繁殖理论，700 多年后大有用处（例略）等。

所以，在重视应用科学研究的同时，不应忘记基础科学（纯理论）的研究，事物的变化发展，又是互相联系的，正如古人云：“道通天地有形外，思入风云变态中。”

参考文献

陈德华，徐品方．2007. 中国古算家的成就与治学思想．昆明：云南大学出版社．

程大位．1986. 算法统宗（1592），北京：中华书局，四川：巴蜀书社．

郭书春，刘钝点校．2001. 算经十书．台北：九章出版社．

李迪．1984. 中国数学史简编．沈阳：辽宁人民出版社．

李迪．1997，1999，2004. 中国数学通史（上古到五代卷、宋元卷、明清卷）．南京：江苏教育出版社．

李约瑟．1978. 中国科学技术史，第三卷．北京：科学出版社．

梁宗巨．1981. 世界数学史简编．沈阳：辽宁人民出版社．

梁宗巨．1992. 数学历史典故．沈阳：辽宁教育出版社．

马克思．1975. 数学手稿．北京：人民出版社．

梅瑴成．1761. 增删算法统宗（卷十、卷十一）．

莫里兹．1990. 数学家言行录．朱剑英编译．南京：江苏教育出版社．

钱宝琮．1964. 中国数学史．北京：科学出版社．

王云五．1937. 四元玉鉴细草．上海：商务印书馆．

徐品方，孔国平．2007. 中世纪数学泰斗——秦九韶．北京：科学出版社．

徐品方，张红，宁锐．2007. 中学数学简史．北京：科学出版社．

徐品方，张红．2006. 数学符号史．北京：科学出版社．

徐品方．1992. 数学简明史．北京：学苑出版社．

徐品方．1993. 趣味古算诗题解．太原：山西人民出版社．

徐品方．1997. 数学诗歌题解．北京：中国青年出版社．

徐品方．1997. 数学诗题解．台北：明文书局．

徐品方．2001. 数学趣话．福州：福建人民出版社．

徐品方．2002. 白话九章算术．成都：成都时代出版社．

徐品方．2005. 女数学家传奇．北京：科学出版社．

后　记

本书的部分内容曾在徐品方的专著《数学诗歌题解》(早已售缺，不再重版）等中介绍过，受到读者的喜爱，但读者觉得所选的古算诗词题不多，建议作者进一步扩大，探究由来，纵横联想，适当介绍一些相关的数学历史知识与背景，特别是探寻古算诗题是从何处创作来的，使这一科研课题更加充实、全面、系统和完整。作者愉快地采纳了这些意见。

通过对我国古算书的收集、整理和研究，现在本书已选入诗词题至少 140 多首，是我国古算瑰宝中的趣味歌词算题的代表。

当第一作者搬进学校新建于邛海之滨的宽敞、明亮的楼房，坐在窗前写字台重写本书时，面对古老美丽的高原淡水湖——四川西昌市邛海，远眺春雨过后的邛海，欣然提笔写下一首诗：

薄雾青纱罩海邛，天水相连浮云浓。
浩日出岫水湛蓝，高原明珠绿碧波。
渔人划桨银光闪，游艇荡碎湖中山。
淡妆浓抹邛湖面，俯仰人间感慨深。

这本书的写作是在第一作者退休前后出版了 20 多本书的经验基础上进行的，于是又写了一首感想诗：

花甲之年办退休，返聘续教算史课。
筹算生涯四十载，粉尘弹指一而过。
千颗桃李海内外，发出光热照神州。
心织笔耕书多本，留在人间去评说。

当我们合作完成此书时，掩卷而思，中国不愧是诗的国度，连古算家也按捺不住激情，用诗词编写算题，令人惊喜和欣慰。

让古代数学诗词题文化遗产能薪尽火传，光照后代，出版此书，培养学子，激活兴趣，是件益事。因为这些数学著名诗词题与解，绝非智慧火花的闪烁，而是长期深思熟虑的精细加工。

在数学素质教育和创新教育中，本书若能拨响读者思维的琴弦，激起喜欢数学的浪花，从而“开发”创造性思维，作者也就心满意足了。

徐品方　徐　伟

2007 年定稿于西昌学院南校区